浙江省种植业主导品种

（2017 年）

浙江省种子管理总站　编

ZHEJIANG UNIVERSITY PRESS
浙江大学出版社

图书在版编目（CIP）数据

浙江省种植业主导品种.2017年 / 浙江省种子管理总站编. —杭州：浙江大学出版社，2017.7

ISBN 978-7-308-17141-0

Ⅰ.①浙… Ⅱ.①浙… Ⅲ.①作物－品种－介绍－浙江－2017 Ⅳ.①S329.255

中国版本图书馆 CIP 数据核字（2017）第 169504 号

浙江省种植业主导品种（2017年）

浙江省种子管理总站　编

责任编辑	杜玲玲
责任校对	邹小宁
封面设计	姚燕鸣
出版发行	浙江大学出版社
	（杭州天目山路 148 号　邮政编码 310007）
	（网址：http://www.zjupress.com）
排　　版	杭州中大图文设计有限公司
印　　刷	嘉兴华源印刷厂
开　　本	880mm×1230mm　1/32
印　　张	4.75
字　　数	110 千
版 印 次	2017 年 7 月第 1 版　2017 年 7 月第 1 次印刷
书　　号	ISBN 978-7-308-17141-0
定　　价	39.00 元

编写委员会

主　　编　施俊生　阮晓亮
副 主 编　王仁杯　俞琦英　刘　鑫　李　燕
编写人员（按姓氏笔画排列）

丁　峰	马建平	王仪春	王成豹	王　伟
王红亮	王建裕	王春猜	王桂跃	王志安
毛小伟	尹一萌	尹设飞	石建尧	石益挺
叶永青	叶根如	包祖达	包　斐	过鸿英
吕长其	吕高强	朱　松	朱建方	许俊勇
孙加焱	严百元	苏加前	杨曙东	吴东林
吴汉平	吴其褒	吴彩凤	何方印	何伯伟
何伟民	何勇刚	汪成法	汪慧芳	张伟梅
张铁锋	张继群	张　胜	张富仙	张献平
陆中华	陆艳婷	陈卫东	陈孝赏	陈　青
陈润兴	陈黎明	林太赟	金成兵	金进海
金珠群	郭冠华	周华成	周祖昌	周锦连
郑忠明	胡长安	胡立军	胡依珺	俞慧明
姚　坚	袁德明	徐建良	徐晨光	徐锡虎
高晓晓	黄善军	曹金辉	韩娟英	程立巧
程渭树	傅旭军	楼再鸣	楼光明	管耀祖
潘彬荣				

前　言

　　种子是农业中最核心、最基础、最重要的不可替代的生产资料，是农业科技进步和其他各种生产资料发挥作用的载体，是农业增产、农民增收最重要的因素。浙江省的农业发展在资源短缺的情况下，结构调整能取得先发优势，农产品能在市场赢得竞争地位，能打开国际市场，优良品种与本地特色资源的有效结合发挥了积极作用。因此，筛选发布优良农作物品种，对于进一步优化本省农作物品种结构和品质，增强农产品市场竞争力，促进农业供给侧结构性改革具有十分重要的意义。

　　近年来，浙江省每年通过省级以上审定主要农作物品种达30多个，瓜果蔬菜等非主要农作物品种更是丰富多样，为农业生产输送了一大批优良品种。但是由于本省农业生态类型多样，农作物种类众多，因此，如何进一步从审定通过的品种中选择适宜当地种植的优良品种，及时向广大农户发布，引导农户种植优良品种，也是农业部门的重要职责之一。

　　浙江省农业厅十分重视农作物品种推介工作。根据本省农业主

1

导产业发展要求,结合历年农作物品种区试审定和展示示范结果,经各市推荐,并广泛征求有关业务和科研单位意见,已连续多年向社会发布农作物主导品种,指导农业生产,引导农民种植优良品种,并取得了明显成效。2017年,继续发布种植业主导品种132个。现将各品种的特征特性、栽培技术要点和适宜种植区域等内容予以汇编,供各地参考。

编　者

二○一七年三月

目　录

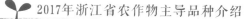

一、水稻

1. 中早 39

作物名称：早籼稻

审定编号：浙审稻 2009039

产量表现：2008—2009 年省早籼稻区试，平均亩产 487.6 千克，比对照"嘉育 293"增产 6.5%。2009 年省生产试

验，平均亩产 510.2 千克，比对照"嘉育 293"增产 3.9%。

特征特性：该品种属中熟早籼，全生育期 109.7 天，比对照长 0.5 天。株高适中，茎秆粗壮，叶片挺，着粒较密。谷粒短圆，颖尖无芒。亩有效穗 20.0 万，株高 87.1 厘米，穗长 17.0 厘米，每穗总粒数 123.5 粒，实粒数 112.8 粒，结实率 91.2%，千粒重 26.1 克。抗稻瘟病，高感白叶枯病。谷粒较圆，直链淀粉含量较高，适合作加工用粮。

栽培技术要点：做好种子消毒，预防恶苗病。

适宜种植区域：适宜在浙江全省作早稻种植。

2. 中嘉早 17

作物名称: 早籼稻

审定编号: 浙审稻 2008022

产量表现: 2006—2007 年省早籼稻区试,平均亩产 501.6 千克,比对照增产 6.2％。2008 年省生产试验,平均亩产 469.8 千克,比对照"嘉育 293"增产 6.0％。

特征特性: 该品种属中熟偏迟早籼,全生育期 110.7 天,比对照长 2.0 天。株型适中,植株较高,茎秆粗壮,较耐肥抗倒,分蘖力中等,穗大粒多,结实率较高,丰产性好,后期青秆黄熟。平均亩有效穗 19.9 万,成穗率 74.6％,株高 87.4 厘米,穗长 17.6 厘米,每穗总粒数 131.9 粒,实粒数 114.7 粒,结实率 87.0％,千粒重 26.0 克。中抗稻瘟病,感白叶枯病。稻米品质适宜于加工。

栽培技术要点: 1. 该品种分蘖力中等,宜在 4 月下旬移栽,亩插基本苗 10 万左右。2. 需肥量中等偏上,氮肥不宜过多。3. 浅水勤灌促分蘖,干干湿湿到成熟。湿润灌溉,反复露田几次。在成熟收割前 4～6 天断水,忌断水过早。4. 稻瘟病重发区,要注意防治叶瘟。

适宜种植区域: 适宜在浙江全省作早稻种植。

3. 金早 47

作物名称:早籼稻

审定编号:浙品审字第 227 号

产量表现:1998—1999 年金华市早籼稻区试,平均亩产 454.8 千克,比对照"浙 733"增产 11.6%;1999 年金华市生产试验,平均亩产 415.0 千克,比对照"浙 733"增产 4.6%。

特征特性:该品种属迟熟早籼,全生育期 114.4 天,比对照"浙 733"长 0.6 天。株高适中,茎秆粗壮,耐肥抗倒,穗大粒多,后期熟色好。亩有效穗 22.5 万,株高 83.9 厘米,每穗实粒数 99.2 粒,结实率 80%,千粒重 25.0 克。抗稻瘟病,中抗细条病,感白叶枯病、褐稻虱和白背稻虱。直链淀粉和蛋白质含量较高,谷粒

较圆,出米率高,适宜加工红曲、粉干、味精等制品及储备和饲料用粮。

栽培技术要点:1.3 月底 4 月初播种,大田每亩用种量 4 千克左右,秧龄 25~30 天。2.亩插 2 万丛以上,每丛 6~7 本,每亩落田苗 12 万~15 万。3.施足基肥,早施分蘖肥促早发。4.后期灌水宜干湿交替,促使穗基部籽粒灌浆饱满。5.幼苗期较易感染恶苗病,种子须浸种消毒。6.注意白叶枯病、褐稻虱等病虫害的防治。

适宜种植区域:适宜在浙江全省作早稻种植。

4. 甬籼 15

作物名称:早籼稻

审定编号:浙审稻 2008024

产量表现:经 2006—2007 年宁波市早籼稻区试,平均亩产 472.1 千克,比对照"嘉育 293"减产 2.95%。2008 年宁波市生产试验,平均亩产 452.4 千克,比对照"嘉育 293"增产 4.5%。

特征特性:该品种株型紧凑,属半矮生型,叶片较挺,叶色淡绿,灌浆快,着粒偏稀,青秆黄熟,谷粒圆。两年区试平均全生育期 107.9 天,比对照短 2.8 天;平均亩有效穗 23.3 万,株高 75.1 厘米,穗长 17.5 厘米,每穗总粒数 100.0 粒,实粒数 89.5 粒,结实率 89.5%,千粒重 25.4 克。米质适宜加工用米。该品种属早熟早籼,株高适中,分蘖力中等,抗倒性较好,后期青秆黄熟。中抗稻瘟病,感白叶枯病。

栽培技术要点:要求有足量的基本苗,注意白叶枯病的防治。

适宜种植区域:适宜在宁波地区作早稻种植。

5. 温 926

作物名称：早籼稻

审定编号：浙审稻 2014002

产量表现：经 2011—2012 年浙江省早籼稻区试，平均亩产 498.4 千克，比对照"金早 47"增产 11.8％。2013 年省生产试验，平均亩产 473.0 千克，比对照"金早 47"增产 7.3％。

特征特性：该品种株型适中，分蘖力较强，叶色较深，剑叶挺直微卷，叶下禾，穗形较大。谷壳黄亮，颖尖无色、无芒，

谷粒椭圆形。两年省区试平均全生育期 112.2 天，比对照"金早 47"长 1.6 天。平均亩有效穗 21.7 万，成穗率 70.7％，株高 81.2 厘米，穗长 18.7 厘米，每穗总粒数 120.6 粒，实粒数 100.3 粒，结实率 83.3％，千粒重 26.5 克。两年米质各项指标分别达到食用稻品种品质部颁 5 等和 6 等。该品种属常规早籼稻，株高适中，分蘖力较强，有效穗较多，茎秆较粗壮，穗形较大；后期转色好，丰产性好。直链淀粉含量高，适合加工。中抗稻瘟病，中感白叶枯病。

栽培技术要点：适时早播，后期控施氮肥。

适宜种植区域：在浙江省适宜作早稻种植。

6. 秀水 134

作物名称：单季常规晚粳稻

审定编号：浙审稻 2010003

产量表现：2008—2009 年省单季晚粳稻区试,平均亩产 557.4 千克,比对照"秀水 09"增产 8.7％。2009 年省生产试验,平均亩产 587.5 千克,比对照增产 10.1％。

特征特性：该品种属中熟常规晚粳稻,全生育期 152.2 天,比对照长 0.5 天。该品种生长整齐,株高适中,株型较紧凑,剑叶较短挺,叶色中绿,茎秆粗壮,抗倒性较强;感光性强,生育期适中,分蘖力中等,穗型较大。丰产性较好。后期转色好,米质较优。平均亩有效穗 16.8 万,成穗率 73.8％,穗长 16.2 厘米,每穗总粒数 143.9 粒,实粒数 131.7 粒,结实率 91.6％,千粒重 26.1 克。抗稻瘟病,中抗白叶枯病、中感条纹叶枯病,感褐稻虱。

栽培技术要点：注意稻曲病的防治。

适宜种植区域：适宜在浙江省粳稻区作单季稻种植。

7. 嘉禾 218

作物名称: 单季常规晚粳稻

审定编号: 浙审稻 2007004

嘉禾218

产量表现: 经 2004—2005 年嘉兴市单季晚粳稻区试,平均亩产 519.8 千克,比对照"秀水 63"减产 2.1%。2006 年市生产试验,平均亩产 564.2 千克,比对照"秀水 63"增产 1.3%。

特征特性: 该品种属半矮生型早熟晚粳稻,全生育期 155.0 天,比对照短 5.0 天;株高适中,株型较紧凑,该品种叶色浓绿,茎秆粗壮。亩有效穗 19.6 万,株高 92.3 厘米,结实率 86.5%,千粒重 29.2 克。抗稻瘟病,感白叶枯病和褐稻虱。米质较优。

栽培技术要点: 适当密植,后期断水不宜过早。注意白叶枯病和褐稻虱防治。

适宜种植区域: 适宜在嘉兴地区作单季晚稻种植。

8. 嘉 58

　　作物名称:单季常规晚粳稻

　　审定编号:浙审稻 2013011

　　产量表现:经 2011—2012 年省单季晚粳稻区试,平均亩产 618.1 千克,比对照增产 7.3%。2012 年省生产试验,平均亩产 605.0 千克,比对照增产 3.2%。

　　特征特性:该品种属单季常规晚粳稻,生长整齐,生育期适中,茎秆坚韧,分蘖力较强,抗倒性较好。平均亩有效穗 25.4 万,成穗率 77.3%,株高 100.3 厘米,穗长 15.0 厘米,结实率 92.8%,千粒重 26.7 克。抗稻瘟病,中感白叶枯病,感褐稻虱。

　　栽培技术要点:直播栽培适当控制用种量。

　　适宜种植区域:在浙江省粳稻区适宜作单季晚稻种植。

9. 浙粳 99

作物名称：单季常规晚粳稻

审定编号：浙审稻 2016005

产量表现：2013—2014 年省单季晚粳稻区试，平均亩产平均亩产 634.0 千克，比对照"秀水 09"增产 8.0％。2015 年省生产试验，平均亩产 600.8 千克，比对照增产 8.3％。

特征特性：该品种属中熟常规晚粳稻，全生育期 157.0 天，比对照"秀水 09"长 0.9 天。株型紧凑，株高适中，分蘖力中等，剑叶短挺，叶色淡绿，穗形较大，着粒较密，丰产性好。平均亩有效穗 20.6 万，成穗率 71.5％，株高 94.8 厘米，穗长 15.9 厘米，每穗总粒数 135.4 粒，实粒数 122.3 粒，结实率 90.3％，千粒重 25.1 克。中感稻瘟病，中抗白叶枯病，感褐稻虱。

栽培技术要点：注意稻瘟病和稻曲病防治。

适宜种植区域：适宜在浙江省作单季稻种植。

10. 宁 88

作物名称: 连作晚粳稻

审定编号: 浙审稻 2008003

产量表现: 经 2004—2005 年宁波市单季晚粳稻区试,平均亩产 539.0 千克,比对照"甬粳 18"增产 5.1%。2006 年宁波市生产试验,平均亩产 523.6 千克,比对照"甬粳 18"增产 7.5%。2005—2006 年参加绍兴市单季晚稻区试,平均亩产 510.3 千克,比对照"秀水 63"增产 4.3%。

特征特性: 该品种属中熟晚粳稻,全生育期 145.4 天,比对照"甬粳 18"短 1.1 天;茎秆粗壮,抗倒性较强。亩有效穗 21.8 万,成穗率 77.6%,株高 94.4 厘米,结实率 89.7%,千粒重 26.6 克。中感稻瘟病,中抗白叶枯病,感褐稻虱。

栽培技术要点: 注意稻瘟病和褐稻虱的防治。

适宜种植区域: 适宜在宁波、绍兴地区作单季稻种植。

11.中浙优 8 号

作物名称:单季杂交晚籼稻

审定编号:浙审稻 2006002

产量表现:2003—2004
年省杂交晚籼稻区试,平均
亩产 495.8 千克,比对照
"汕优 63"增产 2.3%。
2005 年省生产试验,平均
亩产 536.4 千克,比对照
"汕优 63"增产 4.4%。

特征特性:该组合属迟
熟杂交中籼,全生育期 137.2 天,比对照"汕优 63"长 5.2 天。株型挺
拔,叶色深绿,分蘖力较强,穗大粒多,结实率高,生长清秀,后期熟相
较好,亩有效穗 15.5 万株,株高120.4 厘米,穗长 25.7 厘米,每穗总
粒数 165.8 粒,实粒数 144.5 粒,结实率 87.2%,千粒重 25.4 克。中
抗稻瘟病,感白叶枯病,高感褐稻虱。米质较优。

栽培技术要点:1.一般插秧密度 20 厘米×20 厘米,亩插 1.3 万穴
左右。2.该组合耐肥性中等,应避免追肥过迟过多造成倒伏。后期
干干湿湿,切忌断水过早。3.在山区稻瘟病区和沿海白叶枯病易发
区应该做好两病的防治工作;对螟虫、卷叶虫和飞虱的防治要掌握时
机,达到良好的防治效果;高温高湿的气候条件下,要加强对纹枯病
的防治。

适宜种植区域:适宜在浙江全省作单季稻种植。

12. 中浙优 1 号

作物名称:单季杂交晚籼稻

审定编号:浙审稻 2004009

产量表现:2002—2003 年省单季杂交籼稻区试,平均亩产
511.1 千克,比对照"汕优
63"增产 6.4%;2003 年省生
产试验平均亩产 502 千克,
比对照"汕优 63"增产 4.3%。

特征特性:该组合属迟
熟中籼,全生育期 136.8 天,
比对照"汕优 63"长 5.5 天。
株型紧凑,叶色深绿,剑叶
挺直,穗大粒多,结实率高。亩有效穗 16.55 万,株高 118 厘米,每穗
实粒数 136.4 粒,结实率 91%,千粒重 27.1 克。抗稻瘟病,中抗白叶
枯病。米质优,米饭口感软。

栽培技术要点:1.一般 5 月 15~20 日播种,秧田亩播种量 7.5 千克,
秧龄 25~30 天。2.一般行株距 20 厘米×20 厘米,亩插1.3 万丛左
右,每亩落田苗 6 万~8 万,亩有效穗达到 15 万左右。3.中等肥力水
平田块,每亩纯氮用量 7~8.4 千克,增施磷钾肥,后期应控制氮肥用
量。4.干湿交替,注意提早烤搁田,防止倒伏。5.适时防治稻瘟病、
纹枯病和螟虫等。

适宜种植区域:适宜在浙江全省作单季稻种植。

13. 深两优 5814

作物名称: 单季杂交晚籼稻

审定编号: 国审稻 2009016

产量表现: 经 2007—2008 年长江中下游迟熟中籼组品种区域试验,平均亩产 587.19 千克,比对照"Ⅱ优 838"增产 4.22%,增产点比例 68.8%;2008 年生产试验,平均亩产 537.91 千克,比对照"Ⅱ优 838"增产 2.16%。

特征特性: 该品种属籼型两系杂交水稻。在长江中下游作一季中稻种植,全生育期平均 136.8 天,比对照"Ⅱ优 838"长 1.8 天。株型适中,叶片挺直,谷粒有芒,每亩有效穗数 17.2 万穗,株高 124.3 厘米,穗长 26.5 厘米,每穗总粒数 171.4 粒,结实率 84.1%,千粒重 25.7 克。米质达到国家优质稻谷标准 2 级。该品种符合国家稻品种审定标准,通过审定。熟期适中,产量较高,中感稻瘟病和白叶枯病,高感褐飞虱,米质优。

栽培技术要点: 1.育秧。适时播种,每亩大田用种量 1.5 千克左右,稀播匀播,培育壮秧。2.移栽。栽插密度以 20 厘米×20 厘米或 18 厘米×25 厘米为宜,每亩插足基本苗 6 万~8 万。3.肥水管理。适宜中等偏上肥力水平栽培,施肥以基肥和有机肥为主,前期重施,早施追肥,后期看苗施肥。后期采用干干湿湿灌溉,不宜脱水过早。4.病虫防治。注意及时防治螟虫、纹枯病、稻瘟病、稻飞虱等病虫害。

适宜种植区域: 适宜在江西、湖南、湖北、安徽、浙江、江苏的长江流域稻区(武陵山区除外)及福建北部、河南南部稻区作一季中稻种植。

14. 春优 84

作物名称: 单季籼粳杂交稻

审定编号: 浙审稻 2012018

产量表现: 经 2010—2011 年省单季杂交晚粳稻区试,平均亩产 685.9 千克,比对照增产 22.9%。2012 年省生产试验,平均亩产 658.3 千克,比对照增产 13.0%。

特征特性: 该组合属单季籼粳杂交稻(偏粳),长势旺盛,生育期长,茎秆粗壮,抗倒性好,穗大粒多。全生育期 156.7 天,比对照长 9.2 天。亩有效穗 14.0 万,成穗率 79.0%,株高 120.0 厘米,穗长 18.7 厘米,结实率 83.6%,千粒重 25.2 克。中抗稻瘟病,感白叶枯病和褐稻虱。

栽培技术要点: 适时早播。注意白叶枯病、褐稻虱和稻曲病的防治。

适宜种植区域: 适宜在浙江省作单季稻种植。

15. 甬优 1540

作物名称: 单季籼粳杂交稻

审定编号: 浙审稻 2014017

产量表现: 经 2011—2012 年省单季籼粳杂交稻区试,平均亩产 675.2 千克,比对照"甬优 9 号"增产 5.7%。2013 年省生产试验,平均亩产 668.5 千克,比对照"甬优 9 号"增产 6.7%。

特征特性: 该品种株高适中,长势旺盛,株型紧凑,生育期短,剑叶挺直,叶色浅绿;茎秆粗壮,分蘖力中等;穗型大,结实率高,谷色黄亮,无芒,谷粒短粒型,稃尖无色。两年省区试平均全生育期 146.5 天,比对照短 7.7 天。平均亩有效穗 13.1 万,成穗率 67.5%,株高 117.5 厘米,穗长 21.5 厘米,每穗总粒数 255.3 粒,实粒数 218.4 粒,结实率 85.6%,千粒重 23.3 克。米质指标分别达到食用稻品种品质部颁 4 等和 3 等。该品种属三系籼粳交偏籼型杂交稻,株高适中,株型紧凑,生育期短,茎秆粗壮,分蘖力中等,抗倒性好。穗大粒多,结实率高,丰产性较好。米质较优。中感稻瘟病,高感白叶枯病,感褐稻虱。

栽培技术要点: 注意稻瘟病、稻曲病和白叶枯病的防治。

适宜种植区域: 在浙江省适宜作单季稻种植。

16. 甬优 9 号

作物类别:单季籼粳杂交稻

审定编号:浙审稻 2007011

产量表现:经 2004—2005 年省单季杂交晚粳稻区试,平均亩产 596.7 千克,比对照增产 16.2%。2006 年省生产试验,平均亩产 599.3 千克,比对照"秀水 63"增产 18.5%。

特征特性:该组合穗型大,穗长弯钩型,谷粒中长,椭圆形,着粒较稀,稃尖无色,穗顶有芒,叶姿挺,叶色青绿,剑叶挺直,生长整齐,长势旺。省区试两年平均全生育期 155.5 天,比对照长 5.1 天;平均亩有效穗

17.0 万,成穗率 67.5%,株高 121.3 厘米,穗长 22.8 厘米,每穗总粒数 195.4 粒,实粒数 151.2 粒,结实率 77.4%,千粒重 26.4 克。两年米质指标分别达到部颁食用稻品种品质 4 等和 5 等。该组合属中熟偏迟单季籼粳杂交稻,易落粒,株型集散适中,茎秆粗壮,株高适中,分蘖力中等,抗倒性好,成熟期清秀;结实率中等,千粒重较高,丰产性好。中抗稻瘟病,中感白叶枯病,感褐稻虱。

栽培技术要点:适当稀植,控制后期氮肥用量;注意褐稻虱的防治。

适宜种植区域:适宜在浙江省作单季晚稻种植。

17. 甬优 538

作物名称:单季籼粳杂交稻

审定编号:浙审稻 2013022

产量表现:2011—2012 年省单季杂交晚粳稻区试,平均亩产 718.4 千克,比对照增产 26.3%。2012 年省生产试验,平均亩产 755.0 千克,比对照增产 29.6%。

特征特性:该组合单季籼粳杂交(偏粳),株高适中,茎秆粗壮,剑叶长挺略卷,叶色淡绿,穗型大,着粒密,全生育期 153.5 天,比对照长 7.3 天。亩有效穗 14.0 万,成穗率 64.6%,株高 114.0 厘米,穗长 20.8 厘米,结实率 84.9%,千粒重 22.5 克。中抗稻瘟病,中感白叶枯病,感褐稻虱。

栽培技术要点:适时早播,注意稻曲病的防治。

适宜种植区域:适宜在浙江全省作单季稻种植。

18. 甬优 15

作物名称:单季籼粳杂交稻

审定编号:浙审稻 2012017

产量表现:经 2008—2009 年省单季杂交籼稻区试,平均亩产 597.1 千克,比对照增产 8.6%。2011 年省生产试验平均亩产 634.5 千克,比对照增产 9.2%。

特征特性:该组合属籼粳交偏籼型三系杂交稻,全生育期 138.7 天,比对照长 3.1 天。茎秆粗壮;分蘖力较弱,穗形大。亩有效穗 11.9 万,成穗率 60.8%,穗长 24.8 厘米,结实率 78.5%,千粒重 28.9 克。米质较优。抗稻瘟病,感白叶枯病和褐稻虱。

栽培技术要点:后期忌断水过早,注意稻曲病的防治。

适宜种植区域:适宜在浙江全省作单季稻种植。

19. 甬优 17

作物名称：单季籼粳杂交稻

审定编号：浙审稻 2012018

产量表现：经 2009—2010 年省单季籼粳杂交稻区试，平均亩产 625.0 千克，比对照增产 31.0％。2011 年省生产试验，平均亩产 646.0 千克，比对照增产 22.6％。

特征特性：该组合属籼粳交三系杂交稻，全生育期 150.3 天，比对照长 3.7 天。茎秆坚韧，抗倒性强，生育期适中，后期转色好，穗大粒多，丰产性好。亩有效穗 11.9 万，成穗率 67.3％，穗长 25.9 厘米，每穗总粒数 303.1 粒，实粒数 246.3 粒，结实率 81.6％，千粒重 24.1 克。抗稻瘟病，中感白叶枯病，感褐稻虱。

栽培技术要点：注意稻曲病的防治。

适宜种植区域：适宜在浙江省作单季稻种植。

二、玉米

20. 济单 7 号

作物名称:普通玉米

审定编号:浙审玉 2012007

产量表现:2010—2011 年省玉米区试,平均亩产 475.0 千克,比对照"农大 108"增产 22.3%。2011 年生产试验,平均亩产 514.0 千克,比对照增产 13.9%。

特征特性:该组合生育期 104.9 天,比对照"农大 108"短 0.8 天。株型半紧凑,株高 228.3 厘米,穗位高 102.3 厘米,空秆率 2.8%,

倒伏率 18.2%,倒折率 9.5%。果穗筒形,籽粒黄色,马齿型,轴红色,穗长 16.9 厘米,穗粗 5.1 厘米,秃尖长 0.6 厘米,穗行数 14.8 行,行粒数 36.8 粒,单穗重 149.8 克,千粒重 250.4 克,出籽率 86.4%。感玉米螟,感小斑病,抗大斑病,中抗茎腐病。

栽培技术要点:该品种植株、穗位偏高,宜适当稀植,种植密度亩栽 3000～3300 株,提倡育苗移栽,注意防倒。

适宜种植区域:适宜浙江省种植。

21. 郑单958

作物名称：普通玉米

审定编号：浙审玉 2012008

产量表现：2010—2011 年省玉米区试，平均亩产 450.4 千克，比对照"农大 108"增产 16.2％。2011 年生产试验，平均亩产 470.9 千克，比对照增产 4.3％。

特征特性：该组合生育期 102.5 天，比对照"农大 108"短 3.2 天。株型紧凑，株高 208.7 厘米，穗位高 78.6 厘米，空秆率 1.8％，倒伏率 3.0％，倒折率 0％。果穗筒型，籽粒黄色，半马齿型，轴白色，穗长 16.5 厘米，穗粗 4.8 厘米，秃尖长 1.3 厘米，穗行数 14.8 行，行粒数 34.2 粒，单穗重 139.3 克，千粒重 268.3 克，出籽率 86.6％。感玉米螟，抗小斑病、茎腐病，高抗大斑病。

栽培技术要点：该品种株型较紧凑，穗位低，种植密度亩栽 3500～4000 株，注意防治锈病。

适宜种植区域：适宜在浙江全省种植。

22. 登海605

作物名称:普通玉米

审定编号:浙审玉2012006

产量表现:2010—2011年省玉米区试,平均亩产483.5千克,比对照"农大108"增产24.5%。2011年生产试验,平均亩产500.7千克,比对照增产10.9%。

特征特性: 该组合生育期104.5天,比对照"农大108"短1.2天。株型紧凑,株高231.3厘米,穗位高81.9厘米,空秆率1.5%,倒伏率2.1%,倒

折率0.5%。果穗筒形,籽粒黄色,马齿型,轴红色,穗长18.8厘米,穗粗4.7厘米,秃尖长1.9厘米,穗行数16.7行,行粒数34.3粒,单穗重162.8克,千粒重250.2克,出籽率84.6%。中抗玉米螟,高感小斑病,抗大斑病,中抗茎腐病。

栽培技术要点:该品种株型紧凑,穗位较低,种植密度亩栽3500～4000株。

适宜种植区域:适宜浙江全省种植。

23. 美玉 7 号

作物名称:糯玉米

引种编号:浙种引〔2008〕第 008 号

产量表现:2008 年浙江省糯玉米品种引种生产试验,平均亩产鲜穗 797.3 千克,比对照"苏玉糯 2 号"增产 6.4%。

特征特性:春播出苗至采收 85.5 天,比对照"苏玉糯 2 号"长 4.8 天。株高 203.0 厘米,穗位高 102.0 厘米,双穗率 32.9%,空秆率 1.3%,倒伏率 0%,倒折率 0.7%,穗长 20.2 厘米,穗粗 4.4 厘米,秃尖长 1.0 厘米,穗行数 16.0 行,行粒数 37.3 粒,鲜籽千粒重 243.3 克,出籽率 67.2%,单穗鲜重 211.7 克,净穗重 75.5%。果穗穗形长锥形,籽粒色白,排列整齐,商品性较好;甜糯籽粒分离比例为 1:3,口感佳,直链淀粉含量 2.4%。中抗小斑病,感大斑病,抗茎腐病,高感玉米螟。

栽培技术要点:注意重视基肥促早发,适当控制种植密度。

适宜种植区域:适宜在浙江全省种植。

24. 美玉 8 号

作物名称:糯玉米

审定编号:浙审玉 2005009

产量表现:2004—2005 年省糯玉米区试,平均鲜穗亩产 804.2 千克,比对照"苏玉糯 1 号"增产 15.0%,2005 年省糯玉米生产试验,平均鲜穗亩产 815.9 千克,比对照增产 23.6%。

特征特性:春播出苗至采收 92.0 天,比对照"苏玉糯 1 号"长 0.7 天。株高 204.8 厘米,穗位高 87.6 厘米;果穗圆筒型,穗长 20.9 厘米,穗粗 4.8 厘米,穗行数 14.3 行,行粒数 36.0 粒,鲜籽千粒重 308.6 克,单穗重 272.8 克。籽粒白色,排列整齐,直链淀粉含量 3.1%,皮较薄,风味佳,果穗籽粒中 3/4 糯质型,1/4 甜质型。中抗大斑病、小斑病,感茎腐病,高感玉米螟。

栽培技术要点:该组合植株较高,应适当控制种植密度,每亩 3000~3200 株为宜,注意后期控制肥水,适期收获。

适宜种植区域:适宜在浙江省种植。

25. 浙凤糯 3 号

作物名称:糯玉米

审定编号:浙审玉 2007006

产量表现:2005—2006 年省糯玉米区试,平均鲜穗亩产 756.6 千克,比对照"苏玉糯 1 号"增产 13.1%。2007 年省生产试验,平均鲜穗亩产 851.9 千克,比对照增产 25.3%。

特征特性:该组合生育期春播(播种至采收鲜果穗)90.6 天,比对照"苏玉糯1号"短 0.6 天。株高 199.1 厘米,穗位高 89.7 厘米,果穗长锥型,穗长 20.6 厘米,穗粗 4.6 厘米,秃尖长 1.9 厘米,穗行数 14.4 行,行粒数 36.2 粒,鲜千粒重 291.7 克,单穗鲜重 226.1 克;直链淀粉含量 3.2%,感官品质、蒸煮品质综合评分为 83.9 分,比对照高 1.5 分;籽粒白色,排列整齐、紧密,风味、糯性、柔嫩性较好,皮较薄。经东阳玉米研究所抗性鉴定,中抗大斑病,感茎腐病和小斑病,高感玉米螟。

栽培技术要点:该品种穗位相对较高,密度以每亩栽 3300 株左右为宜,并做好蹲苗、培土,防后期倒伏,注意防治玉米螟。

适宜种植区域:适宜在浙江省种植。

26. 金玉甜 2 号

作物名称：甜玉米

审定编号：浙审玉 2012001

产量表现：2009—2010 年省甜玉米区试，平均鲜穗亩产 951.4 千克，比对照增产 12.3%。2011 年生产试验，平均鲜穗亩产 878.2 千克，比对照增产 10%。

特征特性：该组合生育期（出苗至采收）85.3 天，比对照"超甜 3 号"短 1.1 天。株高 236.6 厘米，穗位高 77.6 厘米，双穗率 22.6%，倒伏率 12.2%，倒折率 1.6%。果穗筒形，籽粒黄色为主、间有白粒，排列整齐，穗长 18.9 厘米，穗粗 4.8 厘米，秃尖长 0.9 厘米，穗行数 14.9 行，行粒数 32.0 粒，鲜千粒重 361.2 克，单穗鲜重 238.1 克，出籽率 69.5%。经农业部农产品质量监督检验测试中心检测，可溶性总糖含量 11.2%，感官品质、蒸煮品质综合评分 85.4 分，比对照"超甜 3 号"高 2.9 分，鲜穗外观品质较好，甜度较高，皮较薄。经东阳玉米研究所抗性接种鉴定，中抗小斑病，感大斑病，高抗茎腐病，感玉米螟。

栽培技术要点：该品种植株较高，宜适当稀植，提倡育苗移栽，注意防倒。

适宜种植区域：适宜在浙江省种植。

27. 先甜 5 号

作物名称:甜玉米

审定编号:浙种引〔2008〕第 010 号

产量表现:据 2007 年省甜玉米生产试验,平均鲜穗亩产 948.1 千克,比对照"超甜 3 号"增产 21.5%。

特征特性:春播出苗到采收生育期 84.3 天,比对照"超甜 3 号"长 4 天。株高 248.6 厘米,穗位高 79.6 厘米。果穗筒形,籽粒淡黄色,排列整齐紧密,穗长 19.9 厘米,穗粗 4.9 厘米,秃尖长 2.0 厘米,穗行数 15.2 行,行粒数 36.9 粒,鲜籽千粒重330.8 克,单穗鲜重 220.5 克。感官品质、蒸煮品质综合评分 84.4 分,比对照高 5.8 分,柔嫩性较好,皮较薄。中抗大小斑病,感茎腐病,感玉米螟。丰产性好,品质较优,为鲜食和加工兼用型品种。

栽培技术要点:该品种植株较高,应适当稀植,培土防倒;对低温敏感,要适当迟播。

适宜种植区域:适宜在浙江省种植。

28. 浙凤甜 2 号

作物名称:甜玉米

审定编号:浙审玉 2004008

产量表现:2002—2003 年省甜玉米区试,平均鲜穗亩产 701.1 千克,比对照"超甜 3 号"增产 9.4%,2004 年省甜玉米生产试验,平均鲜穗亩产 787.6 千克,比对照增产 13.01%。

特征特性:春播出苗至采收 85.6 天,比对照"超甜 3 号"短 5.7 天。株高 189.5 厘米,穗位高 57.4 厘米,果穗长筒型,穗长 20.4 厘米,穗粗 5.2 厘米,秃尖长 2.5 厘米,穗行数 14.9 行,行粒数 37.1 粒,鲜籽千粒重 299.5 克。籽粒黄白相间,排列整齐、紧密,种皮较薄,甜度高,可溶性总糖含量(干基)36.7%,商品性好。抗大、小斑病,感茎腐病,感玉米螟。

栽培技术要点:宽行密株,亩栽密度 3000～3500 株,重施攻穗肥。

适宜种植区域:适宜在浙江全省种植。

29. 金银 208

作物名称:甜玉米

引种公告号:浙种引〔2017〕第 001 号

产量与表现:2014 年萧山、嵊州、磐安等地自行组织的多点试验,平均鲜穗亩产 859.4 千克,比对照"超甜 4 号"减产 5.1%。

特征特性:多点试验春播生育期(出苗至采收)75.0 天,比对照短 8.7 天。株高 150.4 厘米,穗位高 29.8 厘米。果穗锥型,籽粒黄白相间,排列整齐,穗形美观,穗长 18.5 厘米,穗粗 4.7 厘米,秃尖长 0.4 厘米,穗行数 15.2 行,行粒数 34.8 粒,单穗重 323.8 克。2015 年自行组织的生产试验,7 个点平均鲜穗亩产 877.43 千克,比对照"超甜 4 号"减产 2.9%。生产试验生育期(出苗至采收)81.3 天,比对照短 6.6 天。株高 147.1 厘米,穗位高 28.7 厘米,双穗率 14.8%,空秆率 0.0%,倒伏率 0.0%,倒折率 0.2%。穗长 18.1 厘米,穗粗 4.5 厘米,秃尖长 1.1 厘米,穗行数 14.4 行,行粒数 32.6 粒,单穗重 208.1 克,净穗率 72.1%,鲜千粒重 346.9 克,出籽率 70.2%。

栽培技术要点:该品种品质优,种植密度每亩 3000 株左右,重施基肥,加强苗期管理。

适宜种植区域:适宜浙江省早春保护地栽培。

三、大豆

30. 引豆 9701

作物名称:鲜食春大豆

审定编号:浙品审字第 341 号

产量表现:经多点大区试验,鲜荚平均亩产 619 千克,与矮脚毛豆相仿。

特征特性:春播生育期(出苗至采收鲜荚)73 天左右,比矮脚毛豆早熟 5 天,比台湾 75 早熟 10 天,属早熟种。该品种属有限结荚习性。株高 30～35 厘米,株形较紧凑,叶色深绿、清秀,长势较旺。结荚集中,鲜荚采收期弹性大。鲜荚深绿色,白毛,豆荚长 4.9 厘米,宽 1.3 厘米,荚大、粒粗、壳薄、二、三粒荚多,出籽率高,百荚鲜重 220～230克。老熟时豆荚黄褐色,干豆种皮浅绿色,脐浅黄色,干豆百粒重 30～35 克。较耐肥抗倒,鲜荚豆粒蒸煮酥糯,微甜,风味好。

栽培技术要点:在栽培技术上注意适当增加密度和早发搭苗架,充分发挥其早熟特性,提早上市,提高效益。

适宜种植区域:适宜在浙江省作早熟鲜食者大豆栽培。

31. 沪宁 95-1

作物名称: 鲜食春大豆

审定编号: 浙种引
〔2015〕第 002 号

产量表现: 2006 年菜
用大豆省外引种生产试验
平均亩产 603.9 千克,比对
照 "引豆 9701" 增产
10.2%。2009 年萧山高产
田块田间测产,亩产鲜荚 611.3 千克。

特征特性: 该品种生育期 79.0 天,比对照短 2.8 天。有限结荚
习性,株型收敛,叶片卵圆形,白花,灰毛,青荚淡绿色、弯镰形。干籽
粒种皮青色,脐淡褐色。株高 31.3 厘米,主茎节数 8.1 个,有效分枝
3.3 个。单株有效荚数 21.5 个,每荚粒数 2.1 粒,鲜百荚重 222.1 克,
鲜百粒重 67.0 克。该品种丰产性好,熟期较早,品质较优,田间表现
较抗病毒病。

适宜种植区域: 适宜在浙江省作菜用春季栽培,特别是促早
栽培。

32. 浙农 6 号

作物名称:鲜食春大豆

审定编号:浙审豆 2009001

产量表现:2007—2008 年省菜用大豆区试,平均亩产鲜荚 667.9 千克,比对照"台湾 75"增产 12.5%。2009 年省生产试验平均亩产 693.4 千克,比对照增产 11.9%。

特征特性:播种至采收 86.4 天,比台湾 75 短 3.8 天。有限结荚习性,株型收敛,株高 36.5 厘米,主茎节数 8.5 个,有效分枝 3.7 个。叶片卵圆形、白花、灰毛、青荚绿色、微弯镰形。单株有效荚数20.3 个,标准荚长 6.2 厘米、宽 1.4 厘米,每荚粒数 2.0 粒,鲜百荚重 294.2 克,鲜百粒重 76.8 克。经农业部农产品质量监督检验测试中心检测,淀粉含量 5.2%,可溶性总糖含量 3.8%,口感柔糯略带甜,品质优。经南京农业大学国家大豆改良中心接种鉴定,大豆病毒病 SC3 病指 63.5,感 SC3 病毒病;SC7 病指 52.5,感 SC7 病毒病。

栽培技术要点:3 月中下旬至 4 月上中旬播种,亩用种量约 5 千克,注意病毒病的防治。

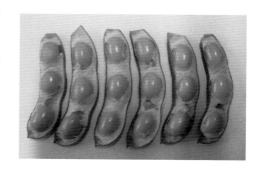

适宜种植区域:适宜在浙江全省作春季菜用大豆种植。

33. 浙鲜 9 号

作物名称: 鲜食春大豆

审定编号: 浙审豆 2015001

产量表现: 2012—2013 年浙江省菜用大豆区试,平均亩产鲜荚 624.8 千克,比对照增产 9.4%。2014 年省生产试验

平均鲜荚亩产 654.8 千克,比对照"浙鲜豆 8 号"增产 6.0%。

特征特性: 该品种生育期 85 天,比对照早 0.4 天。有限结荚习性,株型收敛,株高 33.8 厘米,主茎节数 8.6 个,有效分枝 2.4 个。叶片卵圆形,白花,灰毛,青荚淡绿色,弯镰刀形。单株有效荚数 19.5 个,标准荚长 6.4 厘米、宽 1.4 厘米,每荚粒数 2.0 粒,百荚鲜重 316.7 克,百粒鲜重 88.6 克。籽粒圆形,种皮绿色,子叶黄色,脐黄色。鲜豆口感香甜柔糯,经农业部农产品及转基因产品质量安全监督检验测试中心(杭州)2012—2013 年检测,淀粉含量 4.69%,可溶性总糖含量 2.88%。抗性经南京农业大学国家大豆改良中心接种鉴定,中抗大豆花叶病毒 SC15 株系、中感 SC18 株系。

栽培技术要点: 该品种中感大豆花叶病毒病 SC18 株系,苗期注

意蚜虫防治,减少病毒病危害。

适宜种植区域: 该品种丰产性较好,商品性好,适宜在浙江省作春季菜用大豆种植。

34. 衢鲜 5 号

作物名称：鲜食秋大豆

审定编号：浙审豆 2011003

产量表现：2008—2010 年浙江省秋季菜用大豆区试，平均亩产鲜荚 604.9 千克，比对照"衢鲜 1 号"增产 9.2%。2010 年浙江省秋季菜用大豆生产试验，平均亩产鲜荚 699.1 千克，比对照增产 3.1%。

特征特性：该品种秋播（播种至采摘）生育期 80 天左右。有限结荚习性，主茎较粗壮，节数 13.1 个，叶片卵圆形，中等大小，紫花，灰毛。分枝数较强，为 3.8 个；单株有效荚 32.0 个，结荚性较好，以二粒荚为主。种皮绿色，脐淡褐。百荚鲜重 258.4 克，百粒鲜重 65.8 克，标准荚长 5.3 厘米、宽 1.3 厘米。鲜荚绿色，商品性好，食味鲜，口感好。据农业部农产品质量监督检验测试中心检测，平均淀粉含量 3.9%，可溶性总糖含量 2.55%。经南京农业大学接种鉴定结果，中感 SC3 株系，感 SC7 株系。

栽培技术要点：适期播种（7 月 10 日至 8 月 15 日），迟播适当增加密度（最高不超过 15000 株/亩），生产上注意防治病毒病。

适宜种植区域：适宜在浙江省作秋季菜用大豆种植。

35. 衢鲜 1 号

作物名称:鲜食秋大豆

审定编号:浙审豆 2004002

产量表现:2000 年和 2001 年省秋大豆区试,平均亩产（干籽）分别为 116.9 千克和 125.3 千克,比对照"丽秋1号"分别减产 15.1％和增产 16.3％。2003 年省菜用大豆生产

试验,平均亩产鲜荚 658.2 千克,比对照"六月半"增产 27.8％。各地生产上试种示范,一般鲜荚亩产 700 千克左右。

特征特性:该品种秋播菜用（播种至采摘）生育期 80 天左右,收干籽全生育期 100 天左右。有限结荚习性,株高 43.2 厘米,主茎较粗壮,主茎节间数 11.8 个,叶片椭圆形,中等大小,白花,灰毛。分枝性中等,为 1.5 个;单株结荚 22.2 个,结荚以二粒荚为主,干荚黄褐色。种皮绿色,脐淡褐,干籽百粒重 34.6 克。该品种荚宽粒大,百荚鲜重 283.8 克,百粒鲜重 74.3 克,鲜荚翠绿,商品性好,食味糯甜,略带香味,口感好。省区试品质测定,含油量 17.9％,蛋白质含量 42.1％（蛋白质换算系数 5.71）。2003 年鲜豆品质测定,淀粉含量 2.21％,可溶性糖 1.42％。

衢鲜1号

栽培技术要点:适当早播。

适宜种植区域:适宜在浙江省作菜用秋大豆种植。

四、油菜

36. 浙油 50

作物名称:油菜

审定编号:浙审油 2009001

产量表现:2007—2009 年两年度油菜区试,平均亩产 168.0 千克,比对照增产 15.7％。2008—2009 年度省油菜生产试验,平均亩产 178.8 千克,比对照增产 9.4％。

特征特性:全生育期 227.4 天,略早于对照,属中熟甘蓝型半冬性油菜。株高 157.2 厘米,有效分枝位 39.8 厘米,

一次有效分枝数 10.4 个,二次有效分枝数 8.5 个,主花序有效长度 55.7 厘米,单株有效角果数 481.8 个,每角粒数 21.9 粒,千粒重 4.3 克。经农业部油料及制品质量监督检验测试中心品质检测,含油量 49.0％,芥酸含量 0.05％,硫甙含量 26.0 微摩尔/克。经浙江省农科院植物保护与微生物研究所抗性鉴定,菌核病和病毒病抗性与对照相仿。

栽培技术要点:重施基苗肥,须施硼肥,加强病虫害防治。

适宜种植区域:适宜在浙江全省油菜产区种植。

37. 浙大 619

作物名称:油菜

审定编号:浙审油 2009002

产量表现:2006—2008 年两年度油菜区试,平均亩产 163.3 千克,比对照增产 9.9％。2008—2009 年度参加省油菜生产试验,平均亩产 168.7 千克,比对照增产 3.2％。

特征特性:全生育期 225.2 天,与对照浙双 72 相仿,属中熟甘蓝型半冬性油菜。株高 182.6 厘米,有效分枝位 54.8 厘米,一次分枝数 10.2 个,二次分枝数 8.0 个,主花序有效长 60.6 厘米,单株有效角果数 515.7 个,每角实粒数 23.6 粒,千粒重 4.05 克。品质经农业部油料及制品质量监督检验测试中心检测:含油量 45.2％,芥酸含量 0.1％,硫甙含量 18.43 微摩尔/克。经浙江省农科院植物保护与微生物研究所鉴定:菌核病株发病率 17.4％,病指 13.3;病毒病株发病率 35.0％,病指 16.2,菌核病、病毒病抗性均强于对照。

栽培技术要点:重施基苗肥,需施硼肥,做好病虫害防治。

适宜种植区域:适宜在浙江省油菜产区种植。

38.浙油51

作物类别:油菜

审定编号:浙审油2014001

产量表现:2010—2012两年度浙江省油菜区域试验,平均亩产181.3千克,与对照持平;亩产油量86.15千克,比对照增产9.0%。2012—2013年度省油菜生产试验,平均亩产211.3千克,比对照增产6.4%。

特征特性:两年省区试平均全生育期230.1天,比对照迟0.6天,属中熟甘蓝型半冬性油菜。株高165.5厘米,有效分枝位42.9厘米,一次有效分枝数10.2个,二次有效分枝

数8.1个,主花序长度56.6厘米,主花序有效角果数69.4个,单株有效角果数455.1个,每角粒数23.2粒,千粒重4.0克。品质经农业部油料及制品质量监督检验测试中心检测,芥酸含量0.1%,硫苷含量22.1微摩尔/克,含油量47.6%。抗病性经浙江省农科院植物保护与微生物研究所接种鉴定,菌核病株发病率38.0%,病情指数为26.3,菌核病抗性强于对照。

栽培技术要点:重施基苗肥,需施硼肥,加强病虫害防治。

适宜种植区域:在浙江省油菜产区适宜种植。

39.浙大 622

作物类别：油菜

审定编号：浙审油 2014002

产量表现：2009—2012 三年度省区试，平均亩产 180.6 千克，比对照增产 1.4％；亩产油 87.3 千克，比对照增产 11.7％。2012—2013 年度省油菜生产试验，平均亩产 205.1 千克，比对照增产 3.3％。

特征特性：三年省区试平均全生育期 230.5 天，比对照短 0.5 天，与对照"浙双 72"相仿，属于中熟甘蓝型半冬性油菜。株高为 157.4 厘米，有效分枝位 28.9 厘米，一次分枝 11.1 个，二次分枝 15.1 个，主花序有效长度和有效角果数分别为 56.0 厘米和 62.9 个，单株有效角果数 567.6 个，每角实粒数 19.7 粒，千粒重 4.0 克。品质经农业部油料及制品质量监督检验测试中心检测，含油量 48.3％，硫甙含量 19.6 微摩尔/克，芥酸 0.1％。经浙江省农科院植物保护与微生物研究所鉴定，菌核病株发病率 37.8％，病情指数 27.7；菌核病抗性强于对照。

栽培技术要点：重施基苗肥，需施硼肥，做好病虫草害防治。

适宜种植区域：适宜在浙江省油菜产区种植。

40. 中双 11

作物名称:油菜

审定编号:国审油 2008030

产量表现:2006—2008 年两年度长江下游区试,平均亩产 167.2 千克,比对照"秦优 7 号"减产 0.98%。2007—2008 年度生产试验,平均亩产 159.6 千克,比对照"秦优 7 号"减产 3.5%。

特征特性:全生育期平均 233.5 天,与对照"秦优 7 号"熟期相当。株高 153.4 厘米,一次有效分枝平均 8.0 个。抗裂荚性较好,平均单株有效角果数 357.60 个,每角粒数 20.20 粒,千粒重 4.66 克。经农业部油料及制品质量监督检验中心测试,平均芥酸含量 0.0%,饼粕硫甙含量 18.84 微摩尔/克,含油量 49.04%。区试田间调查,平均菌核病发病率 12.88%、病指为 6.96,病毒病发病率 9.19%、病指为 4.99。抗病鉴定结果为低抗菌核病。抗倒性较强。

栽培技术要点:重施基苗肥,需施硼肥,做好病虫害防治。

适宜种植区域:适宜在浙江省油菜产区种植。

五、西瓜

41. 早佳

作物名称: 西瓜

审定编号: 浙品审字第 325 号

产量表现: 一般亩产可达 3000 千克。

特征特性: 该品种为杂交一代早熟西瓜,植株生长稳健,坐果性好,开花至成熟 28 天左右。果实圆形,单果重 5~8 千克。瓜果绿色底覆盖有青黑色条斑,皮厚 0.8~1 厘米,不耐贮运。果肉粉红色,肉质松脆多汁,中心糖度 12%,边缘 9% 左右,品质佳。耐低温弱光照。

栽培技术要点: 一般采用大棚等保护地设施栽培,加强肥水管理,早春播种可多茬收获;不耐连作,应轮作或嫁接栽培;大棚亩栽约 300 株,小棚亩栽约 500 株,采用三蔓整枝,注意病虫害防治。

适宜种植区域: 适宜在浙江全省作保护地早熟栽培。

42. 浙蜜 5 号

作物名称:西瓜

审定编号:浙品审字第 315 号

产量表现:一般亩产可达 3000 千克。

特征特性:浙蜜 5 号为杂交一代西瓜。经多年试验、试种,表现植株长势稳健、较抗病。坐果性好,开花至成熟 32 天左右,果实高圆形,光滑圆整,单瓜重 5～6 千克。皮厚约 1 厘米,较耐贮运。皮色深绿,覆墨绿色隐条纹。果肉红色,中心可溶性固形物含量 12％,边缘 9％左右,品质佳。

栽培技术要点:有一株结多果的特点,需肥量大,遇低温时低节位坐果有皮厚和空心现象。肥水不足时,果形偏小。

适宜种植区域:适宜在浙江全省作露地中晚熟栽培,也可作小拱棚早熟避雨栽培。

43. 早春红玉

作物名称：西瓜

审定编号：浙品审字第 340 号

产量表现：一般亩产可达 2500 千克。

特征特性：该品种为小型早熟杂交一代西瓜。植株生长稳健，常温下开花至成熟约 25 天。瓜形椭圆，单瓜重 1.3～2.5 千克。瓜皮绿色间有墨绿色条纹，商品性好，瓜皮薄，果皮厚 0.3 厘米左右。瓤桃红色，肉质鲜嫩爽口，中心糖度 12％左右，边缘糖度 8％～9％，口感佳。较抗病。遇较长时间的低温、多雨，开花至成熟时期延长，瓜形会偏圆偏小。

栽培技术要点：需用大棚等保护地设施栽培；不耐连作，应轮作或嫁接栽培；注意肥水管理，防裂果。

适宜种植区域：适宜在浙江全省作保护地栽培。

44. 拿比特

作物名称：西瓜

审定编号：浙品审字第 307 号

产量表现：一般亩产可达 2000 千克。

特征特性：该品种为小型杂交一代西瓜。果实椭圆形，果形稳定，单果重约 2 千克。果皮薄，瓜皮为花皮。红瓤，肉质脆嫩，中心糖度 12％以上，梯度小。早春栽培坐果容易，连续结果性好，不抗蔓割病。

栽培技术要点：不耐连作，应轮作或嫁接栽培，需用大棚等保护地栽培；注意不宜过多施肥，特别是氮肥，亩栽 500 株左右，适时采收。

适宜种植区域：适宜在浙江全省作春季早熟和秋季小型西瓜保护地栽培。

六、小麦

45. 扬麦 12

作物名称:小麦

审定编号:国审麦 2001003

产量表现:1997 和 1998 年度长江中下游冬麦区区试,平均亩产 297.4 千克,较对照"扬麦 158"平均增产 4.1%。

特征特性:熟期与扬麦 158 相当。株高 92 厘米左右,分蘖力强,亩有效穗 30 万～34 万,长芒,白壳,红粒,每穗 36 粒左右,千粒重  40 克,后期灌浆快,熟相较好。抗白粉病,中抗赤霉病,纹枯病轻,耐寒性好于"扬麦 158",耐肥、抗倒性一般,耐高温逼熟。品质上属优质中筋小麦。适宜作为蒸煮类专用小麦生产。

栽培技术要点:一般 10 月 25 日至 11 月 15 日播种,亩基本苗 15 万左右。

适宜种植区域:在浙江省麦区可作为"扬麦 158"替代品种种植,梭条花叶病毒病重发田块不宜种植。

46. 扬麦 19

作物名称:小麦

审定编号:浙审麦 2011002

产量表现:经浙江省 2008—2010 年度小麦区试,平均亩产 352.1 千克,比对照"扬麦 158"增产 5.4%。2010—2011 年度省生产试验,平均亩产 352.5 千克,比对照"扬麦 158"增产 4.9%。

特征特性:属弱春性小麦,株型较紧凑,植株较矮,茎秆坚韧,抗倒性强。分蘖力较强,籽粒饱满,丰产性较好。该品种田间生长整齐一致,叶色淡绿。纺锤形穗,白壳、长芒、红粒、半硬质。两年省区试平均全生育期 183.1 天,比对照长 0.5 天;株高 76.8 厘米,亩有效穗 28.1 万,成穗率 46.0%,穗长 8.3 厘米,每穗粒数34.4 粒,千粒重 41.3 克。中感赤霉病。

栽培技术要点:适期早播,注意防治赤霉病。

适宜种植区域:适宜在浙江省麦区种植。

47. 扬麦 20

作物名称:小麦

审定编号:国审麦 2010002

产量表现:2008—2009 年度国家冬小麦长江中下游组区试,平均亩产 432.3 千克,比对照增产 6.3％,差异显著;2009—2010 年度区试,平均亩产 419.7 千克,比对照增产 3.4％;两年平均亩产 426.0 千克,比对照增产 5.4％。

特征特性:春性,全生育期 205 天,比对照"扬麦 158"早熟 1 天。幼苗半直立,分蘖力较强,穗层整齐,穗纺锤形,株高 84 厘米左右,长芒、白壳、红粒,籽粒半角质、较饱满。亩穗数 28.6 万,穗粒数 42.8 粒,千粒重 41.9 克。中感白粉病、赤霉病和叶锈病,高感条锈病和纹枯病。

栽培技术要点:适期早播。适当增加基本苗,每亩基本苗 16 万左右为宜。

适宜种植区域:适宜在长江中下游地区(安徽、江苏、浙江、湖北、上海等地)麦区种植。

48.苏麦188

作物名称:小麦

审定编号:国审麦 2012005

产量表现:2010—2011 年度参加长江中下游冬麦组区域试验,平均亩产494.2 千克,比对照"扬麦 158"增产 9.9%;2011—2012 年度续试,平均亩产 421.1 千克,比"扬麦 158"增产 10.3%。2011—2012 年度生产试验,平均亩产 449.4 千克,比对照增产 11.1%。

特征特性:春性品种,成熟期比对照"扬麦 158"晚 1 天。分蘖力强,成穗率高。株高平均 81 厘米,株型紧凑,长相清秀,茎秆粗壮有蜡质。穗层整齐,熟相好。穗纺锤形,长芒、白壳、红粒,籽粒椭圆形、粉质、饱满。两年区试平均亩穗数 36.2 万穗、34.4 万穗,穗粒数37.7 粒、38.1 粒,千粒重 42.1 克、38.7 克。中抗赤霉病,高感条锈病、叶锈病、白粉病、纹枯病。

栽培技术要点:1.10 月下旬至 11 月中旬播种,亩基本苗 15 万左右,迟播适当增加播种量。2.注意防治白粉病、纹枯病、条锈病、叶锈病和赤霉病等病虫害。

适宜种植区域:适宜在长江中下游冬麦区的江苏和安徽两省、淮南地区、湖北中北部、河南信阳地区、浙江中北部麦区种植。

七、棉花

49. 中棉所 63

作物名称:转基因杂交棉

审定编号:国审棉 2007017

产量表现:2004—2005 年长江流域国家棉花品种区域试验,籽棉、皮棉、霜前皮棉平均产量分别为 3567.30 千克/公顷、1478.55 千克/公顷、1310.40 千克/公顷,比对照种"湘杂棉 2 号 F_1"增产 10.1%、10.0%、10.2%。2006 年生产试验结果,籽棉、皮棉产量分别为 3876.00 千克/公顷、1585.50 千克/公顷,分别比对照种(湘杂棉 8 号)增产 0.4%和增产 2.3%。

特征特性:出苗较好,植株塔形,株高中等,果枝紧凑,茎秆茸毛少,叶片中等大小,叶色较深,铃卵圆形,吐絮畅。生育期 125 天,株高 109.5~121.0 厘米,果枝 17.81 个,单株成铃 25.57~29.5 个;上半部平均长度 30.0 毫米,断裂比强度 29.1cN/tex,马克隆值 4.8,断裂伸长率 7.0%,反射率 76.1%,黄度深度 8.2,整齐度指数 84.2%,纺纱均匀性指数 139;铃重 5.71~6.6 克,衣分 40.9%~41.52%,籽指 9.81~10.3 克,霜前花率 88.57%~93%,僵瓣率 4.4%~12.24%。耐枯萎病,耐黄萎病。高抗棉铃虫,高抗红铃虫。

适宜种植区域:适宜在湖北全省、湖南北部、四川盆地、河南南阳、江苏、安徽淮河以南(盐城除外),浙江沿海的长江流域棉区春播种植。

50. 中棉所 87

作物名称:转基因杂交棉

审定编号:浙审棉 2013001

产 量 表 现:2004—2005 年浙江省棉花区试平均亩产皮棉 118.7 千克,比对照增产 7.4%。2012 年生产试验平均亩产皮棉 113.2 千克,比对照"慈抗杂 3 号"增产 2.8%。

特征特性:该品种属中早熟棉花品种,植株筒形,较紧凑,茎秆柔软,叶片中等大小,果枝平展,花冠乳白色;铃较大,卵圆形,吐絮畅,絮色洁白。两年省区试结果平均出苗至吐絮天数为 124.9 天,比对照"慈抗杂 3 号"短 0.1 天。株高 123.9 厘米,单株有效铃 37.5 个,单铃重 5.7 克,衣分 42.5%,籽指 11.0 克,霜前花率 90.7%。据农业部棉花品质检验测试中心测定,上半部纤维平均长度 28.9 毫米,断裂比强度 28.9cN/tex,马克隆值5.5,纺纱均匀指数 130.5。经 2004—2005 年中国农科院生物技术研究所转基因抗虫性鉴定,两年平均抗虫株率为 99.0%,为转基因抗虫棉品种。该品种 2010 年 12 月已取得国家转基因生物安全证书,证书编号:农基安证字〔2010〕第 179 号。该品种为中早熟转基因抗虫杂交棉,植株较高大,长势旺盛,结铃性较好,铃较大,吐絮畅,衣分高,丰产性好,纤维品质中等,耐枯萎病。

栽培技术要点:增施磷钾肥,防止倒伏。

适宜种植区域:适宜在浙江省棉区种植。

八、大麦品种

51. 浙啤 33

作物名称:大麦

认定编号:浙认麦 2008001

产量表现:2004—2006 年浙江省大麦品种比较试验,平均亩产分别为 303.7 千克和 379.5 千克,比对照"花 30"分别增产 2.6％和 1.9％;两年平均亩产 341.6 千克,比对照"花 30"增产 2.3％;2006—2007 年度生产试验,平均亩产 348.4 千克,比对照"花 30"增产 5.2％。

特征特性:二棱春性皮大麦,叶色浓绿,旗叶宽,苗期生长旺,耐湿性强,茎秆粗壮,抗倒性好,株型紧凑,易脱粒。根据 2005—2006 年度省大麦品种比较试验结果,全生育期 174.5 天,株高 76.6 厘米,比对照"花 30"矮 6.5 厘米,亩有效穗 36.0 万,每穗实粒数 26.7 粒,千粒重 42.2 克。两年抗病性鉴定结果,中感赤霉病和黄花叶病。品质经测定,细粉麦芽浸出率 81.27％,糖化力 217.80 维柯,蛋白质含量 9.83％。

栽培技术要点:一般在 11 月上中旬播种,保证基本苗 20 万左右,施足基肥,重施麦枪肥,促进分蘖成穗,并适施穗肥促平衡。

适宜种植区域:适宜在浙江全省种植。

52. 秀麦 11

作物名称:大麦

认定编号:浙认麦 2008003

产量表现:经 2000— 2002 年度多点品比试验, 平均亩产 279.2 千克,比对照"花 30"增产 3.7%; 2004—2005 年度省品种比较试验,平均亩产 300.2 千克,比对照"花 30"增产

1.4%,差异不显著;2004—2005 年度生产试验,平均亩产 299.8 千克,比对照"花 30"增产 3.8%。

特征特性:属二棱春性皮大麦。株型紧凑,叶片细卷,呈半螺旋状卷曲,叶色深绿,叶舌、叶耳淡黄,易脱粒。矮秆抗倒,根系发达。根据 2004—2005 年度省大麦品种比较试验结果,全生育期 171 天,比对照"花 30"早 1 天,株高 75 厘米,亩有效穗 36.6 万,穗长 6 厘米,每穗实粒数 24.4 粒,千粒重 38.1 克。籽粒粗蛋白 9.4%、粗纤维 4.31%、灰分 2.49%。赤霉病病穗率 12.22%、病粒率 0.44%、病情指数 3.05%,表现为中抗赤霉病;黄花叶病株发病率 37.8%、矮化率 26.4%、空秕率 43.7%,表现为感黄花叶病。

栽培技术要点:一般在 11 月上中旬播种,保证基本苗 20 万左右,施足基肥,重施麦枪肥,促进分蘖成穗,并适施穗肥促平衡。

适宜种植区域:适宜在浙江全省种植。

九、马铃薯

53.中薯3号

作物名称:马铃薯

审定编号:国审薯 2005005

产量表现:该品种在 1996—1997 年参加国家马铃薯品种早熟组区域试验,平均亩产 1501 千克,比对照"郑薯 4 号"增产 39.9%。2004年生产试验平均亩产 1796 千克,比对照"东农 303"增产 27.84%。

特征特性:该品种属早熟品种,出苗后生育日数 67 天左右。株型直立,株高 50 厘米左右,单株主茎数 3 个左右,茎绿色,叶绿色,茸毛少,叶缘波状。花序总梗绿色,花冠白色,雄蕊橙黄色,柱头 3 裂,天然结实。块茎椭圆形,淡黄皮淡黄肉,表皮光滑,芽眼少而浅,单株结薯 5.6 个,商品薯率 80%～90%。幼苗生长势强,枝叶繁茂,匍匐茎短,日照长度反应不敏感,块茎休眠期 60 天左右,耐贮藏。田间表现抗花叶病毒病,不抗晚疫病。块茎品质:干物质含量 19.1%,粗淀粉含量 12.7%,还原糖含量 0.29%,粗蛋白含量 2.06%,维生素 C 含量 21.1 毫克/100 克鲜薯,蒸食品质优。

栽培技术要点:1.选择土质疏松、灌排方便地块,忌连作且不能与其他茄科作物轮作。2.播前催芽,施足基肥,加强前期管理,少施追肥,及时培土中耕,促使早发棵早结薯,结薯期和薯块膨大期及时灌溉,后期防茎叶徒长,收获前一周停止灌水。3.二季作地区春季1 月至 3 月中下旬播种,播前催芽,地膜覆盖可适当提前播种;秋季8 月上中旬至 9 月上旬整薯播种,播前用 5 毫克/升赤霉素水溶液浸泡 5～10 分钟后用湿润沙土覆盖催芽,防止烂薯,10 月下旬至 12 月初收获。4.密度 4500～5000 株/亩;留种田密度 6000～6500 株/亩。5.二季作地区留种,春季适当早收、秋季适当晚播,注意及时喷药防蚜,并严格淘汰病、杂、劣株。晚疫病多发区要加强防治工作。

适宜种植区域:适宜在浙江省马铃薯种植地区种植。

54. 东农 303

作物名称:马铃薯

审定编号:浙品认字第 218 号

产量表现:单株产薯 0.4 千克左右。春播,每亩产薯 1800～2000 千克;秋播,亩产薯 900 ～ 1000 千克。

特征特性:植株直立,茎秆粗壮,株高 45 厘米左右,开展度 40 厘米×50 厘米,分枝中等,叶绿色,花白色。结薯集中,且部位高,易于采收。薯块外观好,卵圆形,表皮光滑,淡黄色,芽眼浅,肉黄色。薯块大而整齐,长 6～8 厘米,横径 5～6 厘米,单株结薯 6～7 个,单株产薯0.4 千克左右。早熟,播种至初收 85～90 天,地膜覆盖栽培,4 月中旬即可采收。秋播,11 月可采收。高抗花叶病毒病,轻感卷叶病毒病和青枯病。耐湿性较强,除旱地外,也适宜水田种植。品质优,食味佳。

栽培技术要点:1.种薯处理。播前将种薯薄摊于温暖见光处或阳光下曝晒数日,使幼芽和薯皮绿化,再切块播种,可提早 3～5 天出苗,并有利于壮苗。2.密度 4000～4500 株/亩,地膜覆盖栽培密度可增至 6000 株。播前起 85～90 厘米宽的高畦,畦上双行栽,株距 25～30 厘米。结薯部位高,出苗至封垄前结合锄草培土 2～3 次,防止薯块裸露。3.重施基肥,结合施用焦泥灰、草木灰更有利多结薯、结大薯。

适宜种植区域:适于江浙一带种植。

十、甘薯品种

55. 浙薯 13

作物类别：甘薯

认定编号：浙认薯 2005002

产量表现：根据多年多点试验，平均亩产鲜薯 2500 千克左右，比对照"徐薯 18"增产 10％以上。

特征特性：系中晚熟品种，露地种植全生育期 135 天左右，秋季易现蕾开花。长蔓，生长势强，叶片较大，叶心形带齿，叶色深绿，叶脉紫红，茎蔓绿色。单株结薯 2.7 个，大中薯率 80.7％，成熟时商品薯块短纺锤形；薯皮呈紫红色，薯肉呈橘黄色；表皮光滑、无纵沟、表面根毛少，薯块外形美观，商品性好；口感粉，食味甜，鲜薯可溶性糖 8.0％，薯块烘干率 35.8％，出粉率 21.96％；中抗黑斑病；薯块耐藏性较好，种薯发芽快，苗期长势旺；耐旱、耐瘠，氮肥过多易徒长。该品种产量高，烘干率和出粉率高，食用品质和加工性能优良，薯型美观、抗旱耐瘠薄，可作为食用、淀粉加工和烤薯加工用品种。

栽培技术要点：该品种宜于 3 月上旬保护地育苗，4 月上旬露地育苗。作淀粉加工用宜适期早栽，以提高淀粉含量；作食用和烤薯加工用宜在 5 月下旬至 6 月上旬种植，10 月中下旬收获。

适宜种植区域：适宜在浙江省种植。

56. 心香

作物名称:甘薯

认定编号:浙认薯 2007001

产量表现:2005 年省农科院组织的甘薯早熟组品比试验,平均亩产鲜薯 1205.2 千克,比对照金玉增 25.9%;2006 年省品比试验,平均亩产鲜薯 2061.4 千克,比对照"徐薯 18"增产 6.0%,生产上应用一般亩产鲜薯在 1500 千克左右,迷你型番薯商品率较高。

特征特性:该品种为早熟鲜食迷你型甘薯,适宜生育期(扦插至收获)100 天左右。株型半直立,中短蔓,一般主蔓长 1~2 米,分枝 7~12 个,顶芽绿色凹陷,叶片心形,叶脉绿色,脉基紫色,叶柄绿色,茎绿色中粗。结薯浅而集中,前期膨大较快,单株结薯数 4~8 个,中小薯比例较高,薯块纺锤形,皮紫红色、较光滑,薯肉黄色。耐储性较好,种薯萌芽性较好。农业部农产品质量监督检验测试中心(杭州)检测结果,2005—2006 年平均结果,薯块干物率 34.5%,淀粉率 20.0%,可溶性总糖 6.22%,粗纤维含量 6.22%,鲜薯蒸煮食味佳;据 2006 年福建省农科院植保所接种鉴定结果,抗蔓割病。

栽培技术要点:该品种作为迷你甘薯栽培时应注意控制生育期,适当增加种植密度,控氮增钾,适时收获,提高商品率。秋季栽种时,最迟不宜晚于 8 月上旬。

适宜种植区域:适宜浙江全省种植。

十一、蚕豌豆

57. 慈蚕 1 号

作物名称：蚕豆

认定编号：浙认豆 2007001

产量表现：经多年多点品比试验，鲜荚平均亩产 953.7 千克，比对照"白花大粒"增产 17.8％。一般大田鲜荚亩产 900 千克左右。

特征特性：植株长势旺，株高约 90 厘米，叶片厚，单株有效分枝 8～10 个；花瓣白色，花托粉红色，单株有效荚数 15～20 个，单荚重 35.7 克，2～3 粒荚约占 90％，荚长 13 厘米左右；鲜豆粒淡绿色，长约 3.0 厘米，宽 2.2～2.5 厘米，厚 1.3 厘米左右，百粒重 450 克左右；种皮淡褐色，种脐黑色，种子百粒重 190～220 克。全生育期约 230 天，播种至鲜荚采收 200 天左右。鲜豆食用品质佳，商品性好，适合鲜食和速冻加工。

栽培技术要点：浙北至浙南适播期 10 月中下旬至 11 月上旬；单粒点播，亩用种量约 4～6 千克，种植密度 2000～2500 株/亩；酌施氮肥，增施磷钾肥。

适宜种植区域：适宜在浙江全省种植。

58. 浙豌 1 号

作物名称: 豌豆

认定编号: 浙认蔬 2006005

产量表现: 经多年多点品比试验,鲜荚平均亩产 1027 千克,比对照"中豌 6 号"增产 54%。一般大田亩产约 1000 千克。

特征特性: 植株蔓生,长势较强,株高约 110 厘米,主侧蔓均可结荚,每株 3~5 蔓,单株结荚 20~25 荚。播种至鲜荚采收 135~140 天,比对照"中豌 6 号"迟 10 天左右。茎叶浅绿色,托叶大,白花。嫩荚绿色,平均荚长 9.3 厘米,荚宽 2.1 厘米,单荚重约 10 克,每荚含籽粒 7~8 粒,豆荚与豆粒大小均匀,百粒鲜重 66 克。嫩豆粒味甜、色翠绿;中等成熟时质糯。品质佳,耐贮运,适宜鲜食和速冻。

栽培技术要点: 本省一般在 11 月上中旬播种。穴播,行距 30 厘米,穴距 15 厘米,每穴定苗 2~3 株,亩用种量约 2 千克。

适宜种植区域: 适宜在浙江全省种植。

十二、蔬菜

59. 绿雄 90

作物名称: 青花菜

认定编号: 浙认蔬 2007003

产量表现: 2001—2003 年在临海、萧山和慈溪等地多年多点品种试验结果,平均亩产 1596 千克,一般亩产量 1200～2000 千克。

特征特性: 属中晚熟杂交一代种。定植至采收 90～110 天。生长势强,植株较直立,株高 65～70 厘米,植株开展度 40～45 厘米,总叶数 21～22 片。商品性好,作保鲜出口花球采收,花球横径 11～14 厘米,茎直径 5～8 厘米,单球重 400～450 克;作内销采收,单球重 750～1250 克。球形圆整紧实,蕾粒中细、均匀,色绿。耐寒、耐阴雨性较强,低温条件下花蕾不易变紫,蜡粉较浓。抗霜霉病。适宜保鲜出口和速冻加工兼用。

栽培技术要点: 浙江省秋季栽培,一般在 8 月中旬至 9 月上旬播种。定植时注意去掉生长弱小苗,种植密度 2500 株/亩左右。对缺硼较敏感,缺硼田块需增施硼肥。注意黑腐病等病虫害综合防治。

适宜种植区域: 适宜在浙江全省秋冬季栽培。

60. 台绿 1 号

作物名称:花椰菜

审定编号:浙(非)审蔬 2011004

产量表现:2009—2010 年多点品种比较试验结果,平均亩产 1550.6 千克,与对照"绿雄 90"相当。2009—2010 年多点生产试验,平均亩产 1529.9 千克,与对照相当。

特征特性:中晚熟,定植到采收 95 天左右。株型半直立,生长势较强,侧枝较少,株高约 70 厘米,开展度 90 厘米×88 厘米左右;叶片长椭圆形,总叶数约 22 片,最大叶长和宽分别为 56 厘米和 23 厘米左右,叶色深绿,叶缘缺刻,叶面平滑、蜡粉中。花球高圆形,纵横径分别为 11 厘米和 16 厘米左右,单球重 750 克左右;花球球面圆整、紧实,蕾粒中细均匀,外观商品性好,适宜于保鲜和速冻加工。

栽培技术要点:8 月中旬至 9 月初播种,亩栽 2500 株左右,基肥中配施硼肥。

适宜种植区域:适宜浙江省种植。

61. 浙青 95

作物名称:青花菜

审定编号:浙（非）审蔬 2014003

产量表现:2012 年多点品比试验,平均亩产 1308 千克,比对照"绿雄 90"减产 3.0%;2013 年平均亩产 1260 千克,比对照增产 1.6%。两年平均亩产 1284 千克,比对照减产 0.8%。

特征特性:该品种属杂交种,中晚熟,生长势强,定植至收获 98 天。株型较直立,株高约 70 厘米,开展度约 84 厘米×87 厘米,侧枝少。叶片长椭圆形,最大叶长 59 厘米、宽 22 厘米,叶缘波浪形,叶色深绿,蜡粉多。花球高圆紧实,球径 13.4 厘米,花蕾深绿,蕾粒中细,平均单球重 514 克。经农业部农产品及转基因产品质量安全监督检验测试中心(杭州)检测,维生素 C 含量 98.57 毫克/100 克,可溶性糖含量 3.57%,粗纤维含量 1.4%,粗蛋白含量 3.38%。

栽培技术要点:浙北地区播种期在 8 月中下旬。亩栽 3000 株左右。

适宜种植区域:适宜浙江省秋季种植。

62. 浙 017

作物名称:花椰菜

审定编号:浙(非)审蔬 2011003

产量表现:2009—2010 年多点品比试验,"浙 017"平均亩产量 2623 千克,与对照"庆农 65 天"相当。

特征特性:属松散型品种,株型紧凑,产量潜力大;花球松散、花梗淡绿。中早熟,定植至采收 65 天左右。叶片长椭圆形,叶缘波状,植株部分叶片具叶翼,叶色深绿,蜡粉厚,最大叶长和宽分别为 56 厘米和 25 厘米左右。株型紧凑,植株较直立,株高和开展度分别为 50 厘米和 70 厘米左右。花球扁平圆形、乳白,花梗淡绿,花球直径 23 厘米左右,单球重约 1.2 千克,适合鲜食和脱水加工。品质较好。

栽培技术要点:浙北地区在 7 月上中旬播种,浙南地区在 7 月中下旬播种。适当密植,亩栽 2200 株左右。

适宜种植区域:适宜浙江省秋季种植。

63. 瓯松 90 天

作物名称:花椰菜

审定编号:浙(非)审蔬 2015015

产量表现:2013—2014年多点品种比较试验,平均亩产 2172.0 千克,比对照增产 5.3%。

特征特性:从定植到采收 87 天,中熟。叶长椭圆,叶面稍皱,灰绿,蜡粉较厚。花球松散、圆整、洁白,枝梗淡绿,花球纵径 15.8 厘米,横径 25.6 厘米,单球重 1.75 千克,商品性好,品质优,口感佳。

栽培技术要点:温州地区一般 7 月下旬到 8 月下旬播种,苗期 25～30 天,亩栽 1400 株左右。

适宜种植区域:适宜浙江省秋季种植。

64. 浙农松花 50 天

作物名称：花椰菜

审定编号：浙(非)审蔬 2015014

产量表现：2012 年秋季多点品种比较试验，平均亩产为 1597.3 千克，比对照"庆松 50 天"和"丰田 45 天"分别减产 2.72%、增产 16.82%；2013 年秋季多点品种比较试验，平均亩产 1546.7 千克，比对照"庆松 50 天"和"丰田 45 天"分别减产 3.87%、增产 10.83%。两年平均亩产 1572 千克，与对照"庆松 50 天"相当，较"丰田 45 天"平均增产 13.8%。

特征特性：花球松散型，早熟，定植至采收 55 天左右，比对照"庆松 50 天"和"丰田 45 天"分别早熟 4 天、迟熟 2 天。植株长势中等，株型较紧凑，株高和开展度分别为 50 厘米和 80 厘米左右。叶片长椭圆形，叶缘波状，叶色深绿，蜡粉中。花球扁圆形、白色，花梗淡绿，球径约 20 厘米，单球重 0.75 千克左右。

栽培注意要点：早秋栽培，6 月下旬至 7 月上中旬播种。亩栽 2200 株左右。

适宜种植区域：适宜浙江省种植。

65. 浙杂 503

作物名称：番茄

审定编号：浙（非）审蔬 2015003

产量表现：经多点品种比较试验，2013 年平均亩产 5315.8 千克，比对照"倍盈"增产 4.3％；2014 年平均亩产 5461.8 千克，比对照增产 3.5％；两年平均产量 5388.8 千克，比对照增产 3.9％。秋季栽培，平均亩产 4912.8 千克，比对照增产 122.6％。

特征特性：中熟，无限生长，生长势强，始花节位 7～8 叶；果实圆整，商品性好，萼片厚实、平展，成熟果大红色，色泽鲜亮，大小均匀，单果重 200 克左右，果肉厚，硬度好，耐贮运。经浙江省农业科学院植物保护与微生物研究所鉴定，抗番茄黄化曲叶病毒病、中抗灰叶斑病；经中国农业科学院蔬菜花卉研究所抗性鉴定，抗枯萎病和番茄花叶病毒病。

栽培技术要点：栽培密度 2200 株/亩；基肥重施有机肥，及时追肥。

适宜种植区域：适宜浙江省设施栽培。

66. 浙粉 706

作物名称:番茄

审定编号:浙(非)审蔬 2015002

产量表现:经多点品种比较试验,2013 年平均亩产 5059.9 千克,比对照"浙粉 702"增产 22.6%;2014 年平均亩产 5350.5 千克,比对照增产 21.0%;两年平均产量 5205.2 千克,比对照增产 21.8%。

特征特性:中熟,无限生长,生长势强;始花节位 7~8 叶;成熟果粉红色,色泽鲜亮,大小均匀,果实圆整,单果重 200 克左右,果肉厚,硬度好,商品性佳,耐贮运。经浙江省农业科学院植物保护与微生物研究所鉴定,抗番茄黄化曲叶病毒病、灰叶斑病;经中国农业科学院蔬菜花卉研究所抗性鉴定,抗枯萎病、中抗番茄花叶病毒病。

栽培技术要点:栽培密度 2250 株/亩左右;基肥重施有机肥,及时追肥。

适宜种植区域:适宜浙江省设施栽培。

67. 钱塘旭日

审定编号: 浙(非)审蔬 2012004

作物名称: 番茄

产量表现: 2011—2012 年春季品种多点比较试验,平均亩产 6224.8 千克,比对照"阿乃兹"增产 18.8%;秋季平均亩产 2780.4 千克,比对照增产8.5%。

特征特性: 该品种无限生长型,中晚熟。植株生长势强,最大叶长和宽分别为 45.8 厘米和 36.6 厘米;第一花序着生于第 7～8 节,间隔 3～4 叶着生一个花序。未成熟果青绿色,无绿果肩,成熟果大红色,着色均匀,果面光滑、无棱沟,萼片肥大舒展;果实圆形,果形指数 0.89,3～4 心室,单果重 180 克左右;口感好,果肉厚,耐贮运性好。经浙江省农业科学院植物保护与微生物研究所鉴定,抗灰斑病、中抗叶霉病和早疫病。

栽培技术要点: 单干整枝,每亩种植 2000 株左右,及时整枝疏果,每穗选留 3～4 果。

适宜种植区域: 适宜浙江省种植。

68. 浙樱粉 1 号

作物名称: 樱桃番茄

审定编号: 浙(非)审蔬 2014008

产量表现: 经 2012—2013 年在浙江省海宁、嘉善、萧山等地多点品种比较试验,平均亩产 4496.4 千克,比对照"千禧"增产 12.3%。

特征特性: 早熟,无限生长,生长势强,叶色浓绿,最大叶片长和宽分别为 60.6 厘米和 50.2 厘米,茎直径 1.9 厘米;始花节位 7 叶,花序间隔 3 叶,总状/复总状花序,每花序花数为

13～18 朵,具单性结实特性,结果性好,连续结果能力强,6 穗果打顶,单株结果 104 个;幼果淡绿色、有绿果肩,成熟果粉红色、着色一致、具光泽,果实圆形,商品性好,风味佳,单果重 18 克左右;经农业部农产品及转基因产品质量安全监督检验测试中心(杭州)测定,果实可溶性固形物含量 9.0%。经浙江省农业科学院植物保护与微生物研究所鉴定,抗 ToMV 和枯萎病。

栽培技术事项: 栽培密度 2000 株/亩左右;基肥重施有机肥,加强根外追施硼肥和钙肥;适当控水;秋季栽培注意番茄黄化曲叶病毒病的防控。

适宜种植区域: 适宜浙江省设施种植。

69. 青丰 1 号

作物名称：白菜

认定编号：浙认蔬 2008020

产量表现：2005—2006 年品种比较试验，平均亩产 4504.2 千克，比对照品种"上海青"平均增产 11.5%；2005—2006 年多点试验，亩产 4421.3～4598.8 千克，比对照平均增产 11.4%。一般亩产 4500 千克左右。

特征特性：叶片椭圆形，叶面平滑、浅绿色，叶柄扁平、宽厚、白色；束腰，心叶微卷。9 月中下旬播种后 50 天的株高 24.5 厘米左右，开展度 34.7 厘米×33.9 厘米，成株单株重 0.4 千克左右。外观商品性和口感较好；经浙江省农科院植物保护与微生物研究所苗期接种鉴定，抗病毒病和霜霉病。

栽培技术要点：播种期为 4～10 月。作成株菜栽培，5 片真叶时定植，行株距 30 厘米×20 厘米。定植后配合浇水多次追肥，及时防治病虫害。

适宜种植区域：适宜在浙江全省种植。

70. 早熟 8 号

作物名称：大白菜

认定编号：浙认蔬 2008011

产量表现：经 2005—2006 年多点品比试验，平均亩产 3503 千克，比对照"早熟 5 号"增产 40%。一般大田亩产 3500 千克左右。

特征特性：早熟，生长期 55 ～ 60 天。株高约 32 厘米，开展度 50 厘米左右。外叶阔倒卵圆形、色绿，中肋长约 25 厘米、宽约 5 厘米、色白；叶缘波状，叶面无毛、微皱。叶球叠抱、矮桩形，球叶绿白色，紧实，顶圆，高约 26 厘米，横径 18 厘米左右，净重 1.0～1.5 千克，净菜率 70% 左右。田间表现较抗病。可兼作小白菜栽培。

栽培技术要点：作大白菜栽培一般在 8 月中下旬穴播，行距 50 厘米，株距 35 厘米。作小白菜栽培，一般在 3 月至 11 月均可播种。

适宜种植区域：适宜在浙江全省种植。

71. 浙白 6 号

作物名称：大白菜

认定编号：浙认蔬 2008009

产量表现：2005—2006 年小白菜栽培多点品比试验，平均亩产 2464.8 千克，比对照"早熟 5 号"增产 31.2％。

特征特性：株型紧凑，叶长 30 厘米、叶宽 16 厘米；叶色浅绿，叶面光滑、无毛；质糯、风味佳、品质优；对软腐病、霜霉病、黑斑病抗性强；耐寒性强，耐抽薹性较好；较耐热耐湿；生长势旺，生长速度快。一般播种后 30 天可陆续采收，高温季节 25～30 天采收，冬春季 40～60 天采收。

栽培技术要点：春季栽培宜在"冷尾暖头"适当追肥，促进生长，抑制抽薹。

适宜种植区域：适宜在浙江省作小白菜周年种植，最适冬春季栽培。

72. 双耐

作物名称: 大白菜

审定编号: 浙(非)审蔬 2009001

产量表现: 2007—2008 年多点品比试验, 平均亩产 1886 千克, 比对照"早熟 5 号"增产 18%。

特征特性: 株型紧凑; 叶长和宽分别为 27 厘米和 17 厘米左右, 叶色浅绿, 叶面光滑、无毛; 叶片厚, 口感糯, 品质优良; 抗性接种鉴定抗病毒病和软腐病、高抗霜霉病和黑斑病; 较耐抽薹; 生长势旺, 生长速度快。一般播种后 30 天可陆续采收, 高温季节播种后 25～30 天采收。

栽培技术要点: 高温季节栽培, 株行距 13 厘米左右, 25～30 天及时收获。

适宜种植区域: 适宜在浙江省作苗用型大白菜栽培。

‘双耐’小白菜单株

‘双耐’作娃娃菜栽培

73. 余缩 1 号

作物名称:榨菜

认定编号:浙认蔬 2008018

产量表现:2004—2006 年多点多年品种比较试验,平均亩产 3277 千克,比对照品种"缩头种"增产 5.3%。一般亩产 3000～3500 千克。

特征特性:半碎叶型,中熟,播种到收获 175～180 天。株型直立,株高 45～50 厘米,开展度约 30 厘米×40 厘米。叶片较直立,最大叶约 42 厘米×15 厘米;叶色深绿,叶面微皱,叶缘波状。瘤状茎圆形、浅绿色、瘤沟浅,顶端不凹陷,基部不贴地;瘤状茎纵横径分别为 8.7 厘米和 7.8 厘米左右,茎形指数为 1.1 左右,单个瘤状茎重200～250 克。该品种适应性强,耐寒耐肥性好,抽苔迟,空心率低,适合腌制加工。与"缩头种"相比,茎形指数有所提高,瘤沟变浅,瘤状茎基部不贴地、顶端稍突起。

栽培技术要点:一般在 9 月底至 10 月初播种。合理密植,滨海沙壤土亩栽 2 万株左右,稻田种足 1 万～1.5 万株。施足基肥,合理追肥,注意清沟排渍、培土防冻。3 月底 4 月初收获。

适宜种植区域:适宜在浙东、浙北地区作春榨菜种植。

74. 甬榨 2 号

作物名称: 榨菜

审定编号: 浙(非)审蔬 20090013

产量表现: 2006—2007 年度多点品种比较试验,"甬榨 2 号"瘤状茎平均亩产 3710 千克,比对照品种"余姚缩头种"增产 18.7%;2007—2008 年度平均亩产 3920 千克,比对照增产 17.6%;

特征特性: 半碎叶型,中熟,生育期 175～180 天,株型较紧凑,生长势较强,株高 55 厘米,开展度 39 厘米×56 厘米;叶片淡绿色,叶缘细锯齿状,最大叶 60 厘米×20 厘米;瘤状茎近圆球形,茎形指数约 1.05,单茎重 250 克左右,膨大茎上肉瘤钝圆,瘤沟较浅,基部不贴地;加工性好,出成率较高,抽薹迟。

栽培技术要点: 多施磷钾肥,瘤状茎膨大后期控制肥水。

适宜种植区域: 适宜在浙江省春榨菜产区种植。

75. 浙蒲 6 号

作物名称:瓠瓜

审定编号:浙(非)审蔬 2009009

产量表现:2007—2008
年春季设施栽培多点品种
比较试验,"浙蒲 6 号"春季
前期(前 1/3 采收期)亩产
量平均 1206 千克,比对照
品种"浙蒲 2 号"平均增加
7.8%;亩总产量平均达
4369 千克,比对照平均增产
11.7%。经嘉善、嵊州等生
产性示范,"浙蒲 6 号"亩产
2500～4000 千克,比对照
"浙蒲 2 号"增加 7%以上。

特征特性:早熟,长势
中等,叶形较小,侧蔓结瓜,
侧蔓第 1 节即可发生雌花,雌花开花至商品成熟约 8～12 天;坐果性
好,平均单株结瓜 6～7 条;果实长棒形,上下粗细均匀,脐部钝圆,商品
瓜平均长度约 36 厘米,横径约 5 厘米,果皮青绿色,单果重约 0.4 千
克;肉质致密,质嫩味微甜,种子腔小,品质好,商品瓜率 88%。耐低
温弱光性和耐盐性强于浙蒲 2 号;春栽植株后期衰败时期稍晚于浙
蒲 2 号。经接种鉴定,抗枯萎病,中抗病毒病和白粉病。

栽培技术要点:施足基肥,及时采收,每株同时留果 2～3 个为
宜。注意防治白粉病和蚜虫。

适宜种植区域:适宜在浙江全省作设施早熟栽培。

76. 越蒲 1 号

作物名称:瓠瓜

认定编号:浙认蔬 2008032

产量表现:经多年多点对比试验与生产示范,春季平均亩产 3327 千克,与对照品种"杭州长瓜"相仿;秋季平均亩产为 1447 千克,比对照增产 8.7%。春季栽培一般亩产 3000 千克左右,秋季栽培一般亩产 1500 千克左右。

特征特性:全生育期春季 170 天左右,秋季 95 天左右;从播种到始收春季 95～105 天,秋季 45～50 天。植株长势旺盛,侧蔓第 2

～3 节发生雌花,秋季雌花发生节位略高,从授粉到商品瓜采收 12～14 天。瓜条棒形,粗细比较均匀,脐部较平,果肩微凸,瓜长 25～35 厘米,直径 5～7 厘米,皮色淡绿,茸毛较密,单瓜重 350～500 克,肉质致密,口感佳。

栽培技术要点:注意疏花疏果,春季单株结瓜数控制在 10～12 个,秋季在 6～8 个。

适宜种植区域:适宜在浙江全省种植。

77. 浙蒲 8 号

作物名称: 瓠瓜

审定编号: 浙(非)审蔬 2014013

产量表现: 2011—2012 年多点品种比较试验,平均亩产 2596.1 千克,比对照"杭州长瓜"增产 12.4%。

特征特性: 早中熟,生长势较强,最大叶长和宽分别为 33.2 厘米和 36.9 厘米,叶柄长 19.5 厘米;叶片绿色、较大。以侧蔓结瓜为主,侧蔓第 1 节即可发生雌花,雌花开花至商品成熟 7～10 天;坐果性较好,果实中棒形,上下粗细较均匀,商品瓜平均长约 32 厘米,横径约 5 厘米,果皮绿色,具光泽,单果重 0.4 千克;耐热性较强,高温期商品瓜率比"杭州长瓜"高 6 个百分点;品质佳,经浙江大学农业与生物技术学院公共试验室检验,游离氨基酸含量 1304.19 微克/克;经浙江省农科院植物保护与微生物研究所田间鉴定,高抗枯萎病,中抗白粉病。

栽培技术要点: 施足基肥,及时采收,每株同时留果 2～3 个为宜。注意防治病毒病和白粉病。

适宜种植区域: 适宜浙江省设施种植。

78. 浙椒 3 号

作物名称:辣椒

审定编号:浙(非)审蔬 2014006

产量表现:2012 年多点品比试验,平均亩产 3974.8 千克,比对照"弄口早椒"增产 23.5%;2013 年平均亩产 3960.0 千克,比对照增产 23.9%;两年平均亩产 3967.4 千克,比对照增产 23.7%。

特征特性:该品种属杂交种,耐热性强,中早熟,始花节位为 9 节;植株生长势强,耐热性好,株高 98~106 厘米,开展度 80~95 厘米,叶色浓绿;连续结果性好;果实为细羊角形,青熟果深绿色,果实纵径 18 厘米左右、横径 2.0 厘米左右,平均单果重 22.5 克;果条直,果皮薄、光滑亮泽,商品性好;果实微辣,风味品质佳。经浙江省农业科学院植物保护与微生物研究所鉴定,高抗 CMV 和 TMV,抗疫病。

栽培技术要点:栽培密度 2000 株/亩左右;基肥重施有机肥,加强根外追施钙肥。

适宜种植区域:适宜浙江省设施种植。

79. 采风 1 号

作物名称:辣椒

认定编号:浙认蔬 2007004

产量表现:经杭州市 2001—2002 年春季和秋季多点品比试验,平均亩产 2263.8 千克,比对照"弄口早椒"增产 48.2%。多年多点示范平均亩产 2840.6 千克。

特征特性:属早熟杂交一代种。从定植到采收,春栽约 60 天,秋栽约 50 天。株高 80 厘米左右,植株开展度 70 厘米,长势旺,坐果性好。第一花序着生于 9～10 节,果实羊角形,果长 20 厘米左

右,横径 2.0～2.5 厘米,果肉厚约 3 毫米,单果重约 40 克,青熟果味微辣,黄绿色,老熟果红色,商品性好。

栽培技术要点:亩栽 2000～2200 株。生长中后期插杆防倒伏。注意防治猝倒病、病毒病。

适宜种植区域:适宜浙江全省春秋大棚及露地种植。

80. 衢椒 1 号

审定编号:浙(非)审蔬 2011009

作物名称:辣椒

产量表现:2010—2011 年多点品种比较试验结果,平均亩产量为 2441.2 千克,比对照"台农黄椒"增产 32.3%。生产试验平均亩产 2200.5 千克,比对照增产 33.0%。

特征特性:早熟,春栽从定植到采收约 42 天,秋栽约 36 天,开花到商品果采收 18～20 天。植株长势和分枝性中等,株高 75 厘米左右,开展度约 70 厘米;第一花序着生于 9～11 节,节间短,连续坐果性强,单株结果数 90 个左右。果实羊角形,果尖略弯,果皮稍皱,光泽度好,商品果黄白色,果实长 17 厘米,最大横径 2 厘米左右,果肉厚约 0.2 厘米,单果重约 18 克。中辣,脆嫩,口感好。老熟果红色。田间表现较抗疫病和病毒病。

栽培技术要点:春季大棚栽培 10 月中旬至 11 月中旬播种,2 月上中旬定植,亩栽 2200 株左右;秋栽 7 月上中旬播种,8 月上中旬定植,亩栽 2400 株左右。

适宜种植区域:适宜浙江省种植。

81. 浙茄 3 号

作物名称:茄子

审定编号:浙(非)审蔬 2011008

产量表现:2009—2011 年两年度多点品比试验,平均亩产 3815.7 千克,比对照"杭茄 1 号"平均增产 11.1%。

特征特性:早熟,生长势较强。株高约 100 厘米,开展度 56 厘米左右。叶片长和宽分别为 24 厘米和 19 厘米左右。第 1 花朵节位 9～10 节,结果性好,平均单株坐果数 25 个左右。果实长条形,尾部较尖,果皮紫红色,果面光滑、具光泽,商品果长 31 厘米左右、横径约 2.8 厘米,平均单果重 130 克左右,商品性好。经浙江省农科院植物保护与微生物研究所接种鉴定,抗黄萎病,中抗青枯病。

栽培技术要点:冬春季保护地栽培,栽培密度 1800～2000 株/亩。

适宜种植区域:适宜浙江省保护地种植。

82. 杭茄 2010

作物名称: 杭茄 2010

产量表现: 经 2015—2016 年在浙江省嘉善、临安、建德、富阳等地多点品种比较试验,平均亩产 4260.2 千克,比对照"杭茄 1 号"增产 12.6%。

特征特性: 熟性早,生长势强,株型直立,株高 75～80 厘米,始花节位 12～14 叶,最大叶片长 23 厘米、宽 18 厘米,平均单株坐果数 40 个左右。果实长条形,果形长直,果长 35 厘米以上,果径 2.5 厘米左右,单果重约 95 克。

果色紫红亮丽,光泽度极好,果面光滑漂亮,商品性佳,商品果率比同类品种增加 15% 以上。果皮极薄,果肉洁白嫩糯,口感好,成熟果不易老化,粗纤维少,品质优。根系发达,耐涝性强,再生结果率高。抗性强,栽培容易,持续采收期长达 4～5 个月。尤其在夏季连续结果性好,且商品果率增加明显。

栽培技术要点: 保护地栽培,栽培密度 1800～2000 株/亩;山地栽培,栽培密度 1000～1500 株/亩。基肥重施有机肥,适时追肥,勤打叶。

适宜种植区域: 适宜全国各地喜食紫红长茄区域。

83. 浙秀 1 号

作物名称：黄瓜

认定编号：浙认蔬 2008028

产量表现：2006—2007
年多点品比试验,春季前期
平均亩产量 1145.8 千克,
比对照"戴多星"增产
6.8%；平均亩总产量
6270.8 千克,比对照"戴多
星"增产 1.4%。一般亩产
量 5000 千克左右。

特征特性：早熟；生长
势较强,叶片较小,叶柄长
14.5 厘米左右,平均节间长
7.6 厘米左右；第一雌花着
生于主蔓第 2 节左右,其后
每节均有雌花,为全雌性品
种,主蔓结瓜为主,一般单株结瓜 28 个左右；瓜条圆筒形,瓜长 13～
16 厘米,横径 2.5 厘米左右,深绿色,无刺,种子腔小,肉厚,肉质脆
嫩、清香、微甜,单瓜重 70 克左右。抗白粉病和霜霉病。

栽培技术要点：多施基肥、及时追肥,亩种植 2500～2800 株,及
时吊蔓、整枝,适时采收。

适宜种植区域：适宜在浙江全省冬春及夏秋设施栽培。

84. 碧翠 18

作物名称:黄瓜

审定编号:浙(非)审蔬 2013004

产量表现:经 2011—2012 年品种多点比较试验,春季平均亩产 5717.1 千克,比对照"萨瑞格"增产 10.1%。

特征特性:植株生长势强,分枝性中等,最大叶片长 29.6 厘米、宽 29.3 厘米,叶柄长 25.6 厘米,平均节间长 7.5 厘米。纯雌性系类型,早熟,第一雌花着生于第 2 节位,每节有雌花 3~5 朵,能单性结实;可连续坐果,能结回头瓜;商品瓜圆筒型,瓜长 15 厘米左右,瓜径 2.5~3.0 厘米;果面有棱;果实青绿色;平均单果重 80 克左右;品质鲜嫩松脆,有清香味,口感微甜。经浙江省农业科学院植物保护与微生物研究所鉴定抗白粉病和枯萎病、中抗霜霉病。

栽培技术要点:宜采用直立式栽培,每亩种植 2000 株左右,后期摘心促回头瓜或引绳落蔓。

适宜种植区域:适合浙江省设施种植。

85.科栗1号

作物名称:南瓜

审定编号:浙(非)审蔬 2013010

产量表现:2011—2012 年品种多点试验,平均亩产 2171 千克,比对照"锦栗"增产 10.1%。

特征特性:早中熟,春季大棚育苗露地栽培,播种到始收期 70 天左右。植株蔓生,生长势较强。第一雌花着生于第 9 叶左右,20 节内发生雌花 6~7 朵。商品嫩瓜扁圆形,果皮绿色,覆浅绿色斑点及纵向条斑,果实纵横径分别为 9.1 厘米和 12.9 厘米左右,平均单果重 750 克左右,果肉嫩黄色;老熟瓜果皮墨绿色,果肉浓黄色、粉质、甘甜。

栽培技术要点:春季搭架栽培亩栽 1000 株,单蔓整枝,单株同期结瓜控制在 2~3 个。

适宜种植区域:适宜在浙江省种植。

86. 华栗

作物名称: 南瓜

审定编号: 浙(非)审蔬 20090021

产量表现: 2005—2006 年多点品比试验,商品老熟瓜平均亩产 1570.9 千克,比对照品种"甘栗"增产 12.3%。

特征特性: 中迟熟,生长势中等偏旺,分枝性中等。第一雌花节位 8～10 节,雌花分化较多,可连续发生雌花,易坐果。坐果后 45 天左右采收,商品老熟瓜扁圆形,表面略具凹凸,底色深绿,覆浅绿色斑、纹,瓜横径 15～18 厘米,纵径 8.5～10 厘米,果肉厚 2.5～3.1 厘米,单瓜重 1500 克左右,果肉橙黄色,经后熟肉质粉甜,口感好,鲜瓜淀粉含量 13.9%。田间白粉病发病较轻。

栽培技术要点: 适当早栽,亩留瓜 1000 个左右;露地栽培宜在梅雨来临前采收;注意疫病防治。

适宜种植区域: 可作加工专用品种在浙江省种植。

87. 甬甜 5 号

作物名称:甜瓜

审定编号:浙(非)审瓜 2011006

产量表现:2008—2009年多点品种比较试验,平均亩产 2092.0 千克,比对照增产 4.1%。

特征特性:该品种植株长势较强,叶片心形、近全缘。果实椭圆形,果形指数约 1.5,果皮乳白色,果面有隐形棱沟、微皱,平均单果重约 1.8 千克;果肉厚 3.9 厘米左右,果肉橙色,实测中心可溶性固形物含量(折光率)14.8%;春季大棚栽果实发育期36~40 天,全生育期 100 天左右,秋季果实发育期 35~38 天,全生育期 94~96 天,分别较对照早 4 天和 6 天。田间表现抗蔓枯病优于对照。

栽培技术要点:搭架栽培每亩 1300 株左右,爬地栽培 700 株左右。

适宜种植区域:适宜浙江省设施条件下春秋季种植。

88. 哈翠

作物名称: 甜瓜

审定编号: 浙(非)审瓜 2011002

产量表现: 2009—2010 年在嘉兴、杭州、湖州等地进行多点品种比较试验,平均亩产量分别为 3057.6 千克和 3096.8 千克,分别比对照"翠绿"增产 14.7% 和 14.5%,两年平均亩产 3077.2 千克,比对照增产 14.6%。

特征特性: 植株长势较强,叶片长和宽分别为 20 厘米和 21 厘米,叶柄长 18 厘米,平均节间长 9 厘米左右,蔓粗壮;子、孙蔓均可结果;春季大棚栽培果实开花到成熟 45 天左右,比对照约晚 5 天,高温期果实开花至成熟 35 天左右;果面光滑,果实纵、横径分别为 20.5 厘米和 15.0 厘米左右,果实椭圆形,果形指数 1.4 左右,平均单瓜重 2 千克左右,成熟果底色淡黄附绿色条斑;果肉厚 3 厘米左右,果肉白色,中心糖度 16% 左右、边缘糖度 13% 左右,分别比对照高 0.6 度和 1.1 度。

栽培技术要点: 该品种耐寒性一般,春季栽培上应避免早播。立架栽培,单蔓整枝,亩栽 1500 株左右,单株结 1 果;爬地栽培,双蔓整枝,亩栽 800 株左右,每蔓每批 1 果,一般结果 2 批。

适宜种植区域: 适宜浙江全省设施种植。

89.沃尔多

作物名称:厚皮甜瓜

审定编号:浙(非)审瓜2013003

产量表现:2010和2011年多点品种比较试验,平均亩产量分别为2761.0千克和2695.0千克,两年平均亩产2728.0千克,比对照"西薄洛托"亩增产20.4%。

特征特性:该品种为早中熟甜瓜品种,全生育期约140～150天(12月初播种约150天,2月上旬播种约140天),春季保护地栽培果实发育期39天左右。植株长势较旺盛,叶片长

18.4厘米,叶片宽18.7厘米,叶柄长16.7厘米,茎蔓节间长9厘米;蔓粗壮,雌花形成良好,易坐果;果实高圆形,果形指数1.1,果面光滑,果皮白色,附生少量细毛,果柄基部有浅绿斑;平均单果重1.3～1.7千克,果肉白色,肉质细腻,果肉厚4厘米。考察现场实测中心糖度为16.1%。经2013年浙江省农科院植物保护与微生物研究所抗性鉴定,蔓枯病发病率42.4%,白粉病发病率36.7%。

栽培技术要点:立架栽培,单蔓整枝,亩栽1300～1400株,单株结1果;爬地栽培,双蔓整枝,亩栽700～800株,首茬瓜每蔓结1果,爬地栽培在首茬瓜坐果后20～25天及时坐二茬果。坐瓜中后期注意肥水管理,提高果实商品性。

适宜种植区域:适宜浙江地区春季和秋季设施种植。

90. 翠雪 5 号

作物名称: 厚皮甜瓜

审定编号: 浙(非)审瓜 2013001

产量表现: 2011 年至 2013 年春秋季在杭州、湖州和衢州等地进行多点品种比较试验,两年春季设施栽培平均亩产分别为 1794.2 千克和 1672.7 千克;两年秋季设施栽培平均亩产分别为 1555.4 千克和 1483.1 千克;两年春秋季平均亩产 1626.4 千克,比对照"小蜜蜂"增产 8.9%。

特征特性: 该品种设施栽培果实发育期 43～46 天,属中晚熟品种。植株长势中等,株型紧凑;叶面长和宽分别为 24.6 厘米和 23.8 厘米,叶柄长 21.0 厘米,节间长 7.2 厘米。子蔓、孙蔓均可结果;果实椭圆形,果形指数 1.34,果面光滑,果皮乳白色,单果重 1.1 千克。果肉白色,厚 3.5 厘米,肉质松。考察现场实测中心糖度为 16.9%。中感霜霉病,中抗白粉病和蔓枯病。

栽培注意要点: 立架栽培,单蔓整枝,13～16 节留 1 果,亩栽 1500 株左右;爬地栽培,双蔓整枝,第一批 10～12 节留瓜,第二批 18～20 节留瓜,每株留 4 果,亩栽 700 株左右。注意霜霉病防治。

适宜种植区域: 在浙江省适宜春秋季设施种植。

91. 白雪春 2 号

作物名称:萝卜

审定编号:浙(非)审蔬 2009003

产量表现:2007—2008 年多点品种试种比较试验,平均亩产 5251.8 千克,比对照"白玉春"增产 6.9%。

特征特性:株高 51.5 厘米,开展度 72.7 厘米×71.0 厘米,生长势强,叶簇平展,叶片深裂,最大叶长 42.2 厘米、宽 14.3 厘米,裂

片数 10 对左右,叶片绿色,叶脉浅绿色。肉质根长筒形,皮肉均白色,长 25～32 厘米,径粗 7.5～8.2 厘米,单根重 1.2 千克左右。生长期 60 天左右,肉质根不易分叉,须根少,根形漂亮,商品性好。耐抽苔,杭州地区 3 月播种一般不产生先期抽苔,抗性接种鉴定抗病毒病和霜霉病。

栽培技术要点:浙江省一般可在 3 月上中旬播种,以土层深厚、疏松肥沃、排灌方便的沙壤土最为适宜。一般行距 40～50 厘米,株距 23～25 厘米。做好田间管理,及时中耕除草,及时追肥和防治病虫害。

适宜种植区域:适宜在浙江全省早春设施、春季露地及秋季栽培。

92. 浙萝 6 号

作物名称: 萝卜

审定编号: 浙(非)审蔬 2015012

产量表现: 2013 年多点品种比较试验,平均亩产 5190.2 千克,比对照"白玉春"增产 10.2%;2014 年平均亩产 5284.5 千克,比对照增产 9.0%;两年平均亩产 5237.4 千克,比对照增产 9.6%。

特征特性: 春季栽培生育期 65 天左右。生长势强,叶丛开展,株高 52.0 厘米,株幅 75.4 厘米,叶片长椭圆形,花叶,边缘全裂,最大叶长 57.4 厘米、宽 18.3 厘米,裂片数 10～12 对,叶数 24 叶左右。肉质根长筒形,1/3 左右露出土表,尾端钝尖,皮肉均白色,长 35～40 厘米,直径 7.5～8.5 厘米,单根重 1.4 千克左右。肉质根表皮光洁,须根少,畸形根较少,商品性好,品质较好。经浙江省农科院植物保护与微生物研究所接种鉴定,抗病毒病和霜霉病,耐抽薹性好。

栽培技术要点: 浙江省在 3 月中旬播种,行距 50～55 厘米,株距 22～25 厘米。

适宜种植区域: 适宜浙江省春季种植。

93. 晓春

作物名称：甘蓝

认定编号：浙认蔬2007001

产量表现：该品种1999—2002年四年品比试验,平均亩产2383.5千克,比对照"争春"增23.2%。2003年在瑞安、永嘉、乐清和温州多点试验,平均亩产2508.3千克,比对照"争春"增产24.0%。一般大田亩产2300千克左右。

特征特性：株高20厘米左右,植株开展度50～60厘米;外叶11～12片,叶色深绿,叶面略有腊粉。叶球胖尖形,高15～16厘米,横径14～15厘米,单球净重0.68千克左右,中心柱长8厘米左右;叶质脆嫩,较"争春"耐裂球,叶球紧实。冬性强,不易未熟抽薹。采收期3月中下旬到4月上旬,比"争春"早熟3～4天。

栽培技术要点：严格掌握播种期,浙江省宜在10月中旬至11月上旬播种;肥水管理采取"冬控春促"措施;及时采收。

适宜种植区域：适宜浙江全省作春甘蓝种植。

94. 之豇 616

作物名称：豇豆

审定编号：浙（非）审蔬 2015010

产量表现：2013—2014 年多点品种比较试验，平均亩产 1895.4 千克，比对照"扬豇 40"增产 5.8%。

特征特性：植株蔓生，中熟，生长势中等，不易早衰，单株分枝约 1.1 个，叶色绿，三出复叶顶生小叶较大（长×宽为 15.8 厘米×9.4 厘米）；主侧蔓均可结荚，主蔓约第 5～6 节着生第一花序；单株结荚数 10 条以上，每花序可结 2～3 条；嫩荚绿色，平均荚长 65.3 厘米，平均单荚重 27.3 克，横切面近圆形，商品性佳，肉质中等；平均单荚种子数 19.8 粒，种子百粒重 16.3 克，红棕色，肾形；耐涝性强，中抗枯萎病。春季露地栽培，播种至始收约57 天，全生育期84 天；秋季露地栽培，播种至始收约 52 天，全生育期 80 天。

栽培技术要点：适宜行距 0.75～0.80 米，穴距 0.35～0.40 米，每穴 2～3 株。注意预防锈病、煤霉病和炭疽病。

适宜种植区域：适宜在浙江省种植。

95. 之豇 108

作物名称:豇豆

认定编号:浙认蔬 2008006

产量表现:据 2005—2006 年多点品比试验,平均亩产 2011.2 千克,比对照"扬豇 40"增产 6.83%;大田示范亩产 1800～2000 千克,比对照"扬豇 40"增产 6%以上。

特征特性:中熟,秋季露地栽培播种至始收需 42～45 天,花后 9～12 天采收,采收期 20～35 天,全生育期 65～80 天。植株蔓生,单株分枝约 1.5 个,生长势较强,不易早衰。叶色较深,三出复叶较大(长×宽约为 17 厘米×9.8 厘米)。主蔓第 5 节左右着生第一花序,花蕾油绿色,花冠浅紫色;每花序结荚 2 条左右,单株结荚数 8～10 条,嫩荚油绿色,荚长约 70 厘米,平均单荚重 26.5 克,横切面近圆形,肉质致密(密度 0.95 克/厘米^3)。单荚种子数 15～18 粒,种子胭脂红色、肾形,百粒重约 15 克。经接种鉴定和田间观察,对病毒病、根腐病和锈病综合抗性好,较耐连作。

栽培注意要点:适宜夏、秋季栽培。适宜行株距 75 厘米×30 厘米,每畦两行,每穴 2 株。

适宜种植区域:适宜在浙江省夏、秋季种植。

96. 浙芸 3 号

作物名称: 菜豆

审定编号: 浙(非)审蔬 2010006

产量表现: 2008—2009 年经杭州、遂昌、磐安多点品种比较试验,"浙芸 3 号"平均亩产 1588 千克,比对照"红花白荚"增产 6.2%。

特征特性: 植株蔓生,生长势较强,平均单株分枝数 1.9 个左右;三出复叶长和宽分别为 11 厘米和 13 厘米左右;花紫红色,主蔓第 6 节左右着生第一花序;每花序结荚 2~4 荚,单株结荚 35 荚左右;豆荚较直,商品嫩荚浅绿色,荚长、宽、厚分别为 18 厘米、1.1 厘米和 0.8 厘米左右,平均单荚重约 11 克。耐热性较强。种子褐色,平均单荚种子数约 9 粒,种子千粒重 260 克左右。

栽培技术要点: 平原地区春、秋季分别在 2 至 3 月和 8 月播种;高山栽培 4 月下旬至 7 月初播种。

适宜种植区域: 适宜浙江全省种植。

97. 甬砧 1 号

作物名称: 葫芦

认定编号: 浙认蔬 2008033

产量表现: 该砧木品种抗枯萎病,较"京欣砧 1 号"抗根腐病,耐湿性较好,早春低温条件下生长;嫁接苗与自根苗的西瓜商品性和品质无明显差异。2004—

2005 年以"早佳"为接穗的嫁接西瓜品比试验中,以该品种为砧木的西瓜平均亩产 3034 千克,与"京欣砧 1 号"相当。

特征特性: 该砧木品种生长势中等;侧蔓结果,第 1 雌花节位为子蔓 8～10 节,孙蔓第 1 节,果实为梨形,皮绿白色;下胚轴粗壮且不易空心,茎秆粗壮;根系发达,吸肥力强而不易徒长;抗枯萎病;嫁接亲和力好。嫁接苗生长较快,始收期比自根苗早 5 天左右,坐果率高而稳定,不影响西瓜品质,适应范围广。

栽培技术要点: 按常规西瓜嫁接苗栽培。适当控制肥水,基肥减少 30%,及时追肥;一般亩栽 200～300 株;可二蔓、三蔓或四蔓整枝。后期注意防高温。

适宜种植区域: 适宜在浙江全省早春大棚与露地栽培。

98. 甬砧 8 号

作物名称:南瓜(黄瓜砧木)

审定编号:浙(非)审蔬 2014018

特征特性:该砧木品种嫁接"津优
1 号"等黄瓜品种成活率 93％以上,嫁
接苗耐低温性和耐高温性较强,生长前

期和后期长势显著强于自根苗。2012—2013 年多点嫁接试验结果
表明,该砧木嫁接的"津优 1 号"黄瓜平均亩产 4568 千克,较自根苗
增产 25.5％,与以"新土佐"为砧木的产量相当;果实品质与自根苗无
明显差异,嫁接后果实不产生蜡粉。

特征特性:植株蔓生。根系发达,茎为五棱形、深绿色,主蔓 9～
12 节节间长平均为 25.6 厘米,主蔓粗 2.1 厘米;叶片掌状,最大叶长
和宽分别为 34.8 厘米和 44.4 厘米,叶柄长 38.9 厘米;花药败育;主
侧蔓均可坐果,第一雌花节位为主蔓 8～10 节,果实近圆柱形,果柄
五棱形、近基部有突起,嫩果皮深绿色、有白斑,老熟瓜墨绿色、绿斑;
果实发育期约 45 天,单株坐果 6～8 个,单果重 1.0～1.5 千克;经浙
江省农科院植物保护与微生物研究所鉴定,高抗黄瓜枯萎病。

栽培技术要点:建议采用靠接法嫁接,接穗早播 7～10 天;嫁接
后前 3 天养护温度控制在 25～28℃,空气相对湿度 95％左右,避免
日光直射;嫁接后第 4
天起逐渐降低温度,通
风降温;7～10 天后按
普通苗管理。

适宜种植区域:适
宜在浙江省作黄瓜嫁接
砧木。

99. 红颊

作物名称: 草莓

认定编号: 浙认蔬 2006010

产量表现: 经建德、宁波市 2000—2003 年多点品比试验,平均亩产 2313.2 千克,比对照"丰香"增产 4.9%。建德市 2003—2005 年大面积示范种植调查,平均亩产 1769.6 千克,比对照"丰香"增产 10.9%。

特征特性: 株型直立,长势旺,株高 22 厘米左右,比"丰香"高 5 厘米左右。叶片大,呈长圆形,叶托和叶柄基部红色。可连续开花结果,单株结果数 35~40 个。第一花序单果重 36.4 克,比"丰香"重 13%;单株平均单果重 18.6 克,比"丰香"重 16%。果实圆锥形,表面鲜红色,有光泽,果心红色,果形端正整齐,着色一致,果实硬度适中,耐贮运性较好。经检测,可溶性总糖含量 7.82%,总酸 0.66%,略高于"丰香"。花芽分化比"丰香"迟,始采期比"丰香"迟 10 天左右,开花至成熟需 20~45 天。田间表现抗白粉病能力较"丰香"强,对灰霉病、炭疽病抗性较弱。

栽培技术要点: 选择凉爽地育苗,或采取遮阴降温措施,减少育苗过程中炭疽病的发生;适宜定植期为 9 月上中旬,高畦稀植,株距 20~22 厘米;注意育苗过程中炭疽病的防治。

适宜种植区域: 适宜在浙江全省草莓主栽区设施栽培。

100. 越心

作物名称：草莓

审定编号：浙（非）审蔬 2014020

产量表现：2012—2014 年度两年平均亩产 2470.3 千克，比对照"红颊"增产 22.1％，比对照"章姬"减产 1.8％。

特征特性：该品种属杂交无性系，浅休眠、早熟，9 月初定植，11 月中下旬始收；植株生长势中等，株型较直立，2～3 个侧枝；株高 20 厘米，冠幅 38 厘米；叶片绿色、椭圆形，大小 8.6 厘米×7.7 厘米。花序为双歧形，第 1 花序花数 14 朵，花序梗长 23 厘米。果实短圆锥形，顶果重 33.4 克、平均果重 14.7 克，硬度为 292.8 克/平方厘米；果面红色、平整，富有光泽，甜酸适口、有香味、品质佳，经农业部农产品及转基因产品质量安全监督检验测试中心（杭州）检测，总糖含量 12.4％，总酸含量 5.81 克/千克；果实多汁、风味佳。经省农科院植物保护与微生物研究所鉴定，中抗炭疽病、灰霉病和白粉病。

栽培技术要点：早栽，亩栽 6500 株为宜。前期加强肥水管理，促进植株生长，结果期及时追肥，无需打侧枝，保证足够的叶片数。果实表皮较薄，及时采摘，采收时轻摘轻放。

适宜种植区域：适宜浙江省设施种植。

101. 金茭 1 号

作物名称:茭白

认定编号:浙认蔬 2007007

产量表现:经多点品比试验,平均亩产壳茭约 1400 千克,比对照单季茭"一点红"亩增 29.6%,比原有磐安茭白亩增 18.6%。一般大田亩产壳茭 1200～1400 千克。

特征特性:属单季茭品种。植株长势较强,株高 2.5 米左右,与原品种相比,平均株高降低约 10 厘米,最大叶长 185 厘米左右,最大叶宽 4.1～4.6 厘米,叶鞘长达 53～63 厘米,孕茭叶龄 15～17 叶,单株有效分蘖 1.7～2.6 个。茭体膨大 4 节,隐芽无色,壳茭单重 110～135 克,平均 124.6 克,与原品种相比,单茭重增约 10 克。茭肉长 20.2～22.8 厘米、宽 3.1～3.8 厘米,叶鞘浅绿色覆浅紫色条纹。肉质茎表皮光滑、白嫩。适宜生长温度 15～28℃,适宜孕茭温度 20～25℃。正常年份采收期 7 月下旬到 8 月下旬,与原品种相比,熟期提早约 7 天。

栽培技术要点:春栽 4 月上旬定植,秋栽 10 月上中旬定植。亩栽约 1900 穴,每穴 2～3 本,行株距 70 厘米×50 厘米。加强锈病的预防。

适宜种植区域:适宜浙中地区海拔 500—700 米山区种植。

金茭1号

102. 浙茭 6 号

作物名称：茭白

审定编号：浙（非）审蔬 2012009

产量表现：2008—2011 年三个年度多点试验，秋茭平均亩产 1580 千克，比对照"浙茭 2 号"增产 19.9%；夏茭平均亩产 2504 千克，比对照增产 12.9%。

特征特性：该品种属双季茭类型，植株较高大，秋茭株高平均 208 厘米，夏茭株高 184 厘米；叶宽 3.7～3.9 厘米，叶色比对照稍深，叶鞘浅绿色覆浅紫色条纹，长 47～49 厘米，秋茭有效分蘖 8.9 个/墩。孕茭适温16～20℃，春季大棚栽培 5 月中旬到 6 月中旬采收，露地栽培约迟 15 天，比对照早 6～8 天。秋茭 10 月下旬到 11 月下旬采收，比对照迟 10～14 天。壳茭重 116 克；净茭重 79.9 克；肉茭长 18.4 厘米，粗 4.1 厘米；茭体膨大 3～5 节，以 4 节居多，隐芽白色，表皮光滑，肉质细嫩，商品性佳。经农业部农产品及转基因产品质量安全监督检验测试中心（杭州）检测，干物质含量 4.42%，蛋白质 1.12%，粗纤维 0.9%，可溶性总糖 3.01%。田间表现抗性与对照相近。

栽培技术要点：孕茭期慎用杀菌剂。

适宜种植区域：适宜浙江省种植。

十三、食用菌

103. 香菇 L808

作物名称:香菇

审定编号:国品认菌 2008009

产量表现:经过 2013—2014 年浙江省丽水市的多点比较试验,香菇 L808 品种在折径为 15 厘米×55 厘米筒袋的菌棒可产鲜香菇约 760 克,生物转化率在 75%~90%。

特征特性:香菇 L808 属中熟型中高温品种,子实体中大型,菌盖直径 4.5~7 厘米,半球形,褐色,颜色中间深,边缘浅,菌盖丛毛状鳞片较多,呈圆周形辐射分布。菌肉白色,致密结实、厚,不易开伞,厚度在

1.2~2.2 厘米。菌褶直生,宽度约 4 毫米,白色,不等长,密度中等。菌柄长约 1.5~3.5 厘米,粗 1.5~2.5 厘米,上粗下细,纤维质,实心白色,圆柱形,基部圆头状。孢子印白色。菌丝生长最适宜温度 23~26℃,出菇温度 12~28℃,最适温度 15~22℃,菌龄 100~120 天。该菇以菇大、肉厚、特结实、柄短、菇质好而受市场欢迎,售价较一般品种高 1~3 元/千克。

栽培技术要点:其主要特点是菌龄较长,菇质、菇形特优,高温季节注意防烧菌烂棒,高海拔地区可以春栽,其他地区早秋栽培。

适宜种植区域:适宜浙江省菇区栽培。

104. 庆元 9015

作物名称: 香菇

认定编号: 国品认菌 2007009

产量表现: 高棚层架栽培花厚菇每百千克干料产干菇 8.6～11.7 千克;低棚脱袋栽培普通菇每百千克干料产干菇 9.2～12.8 千克。

特征特性: 子实体单生、偶有丛生;菌盖褐色、被有淡色鳞片,菇形大、朵型圆整、易形成花菇;菌盖直径 4～14 厘米,厚 1～1.8 厘米;菌褶整齐呈辐射状;菌柄白黄色,圆柱状,质地紧实,长 3.5～5.5 厘米,直径 1～1.3 厘米,被有淡色绒毛。菇质紧实,耐贮存,适于鲜销和干制,鲜菇口感嫩滑清香,干菇口感柔滑浓香。中温偏低、中熟型菌株;菇潮明

显,间隔期 7～15 天,头潮菇在较高的出菇温度条件下,菇柄偏长,菇体偶有丛生。

栽培技术要点: 袋料和段木栽培两用品种,春、夏、秋三季均可接种;南方菇区 2—7 月接种,10 月至翌年 4 月出菇;北方菇区 3—6 月接种,10 月至翌年 4 月出菇。菌丝生长温度 5～32℃,最适温度 24～26℃;出菇温度 8～20℃,最适温度 14～18℃;菇蕾形成时需 6～8℃的昼夜温差刺激。在培菌管理过程中视发菌情况需对菌棒进行 2～3 次刺孔通气;菌棒震动催蕾效果明显,要提早排场,减少机械震动,否则易导致大量原基形成分化和集中出菇,菇体偏小;出菇期低温时节应及时稀疏菇棚顶部及四周的遮阴物,提高棚内光照度和温度,有利于提高菇质。

适宜种植区域: 适宜国内各香菇主产区种植。

105.武香 1 号

作物名称:香菇

审定编号:国品认菌 2007011

产量表现:袋料重量以每筒 0.8 千克干料计,生物学转化率平均达 113%,一、二潮菇总产量 0.53 千克/袋,比其他菌株增产 13%~29%;符合新香菇出口标准的比例达 36%以上。

特征特性:子实体大部分单生、少量丛生,菇蕾数多,菇形圆整,菌盖直径大多 4~5 厘米,菌柄长度 3~6 厘米,直径 1~1.5 厘米,中生,白色,菌肉厚度 1.8 厘米,菌盖表面淡灰褐,披有鳞毛,子实体有弹性,具硬实感。全生育期菌株菌丝生产温度范围 5~34℃,最适温度 24~27℃,子实体发生最适温度 16~26℃,在 26~34℃自然气温条件下也能正常生长发育。菌丝体生长时以 pH 值

5~5.6 为宜;子实体生长时要求 pH 值 4~5 为宜。该菌株的菌丝满袋速度快,比其他中高温型菌株快 1~9 天,第一潮菇蕾出现的时间比其他菌株快 2~9 天,栽培周期快 3~13 天。耐高温性能突出。

栽培技术要点:适时排场、转色、脱袋;拉大温差和湿差;合理掌握菌筒含水量。栽培场所要求通气良好,保持空气新鲜;晴燥天气要注意通风,并注意培养基湿度和空间相对湿度,避免过分干燥,同时需要菇棚的遮阴度。

适宜种植区域:100~500 米的低海拔地区、半山区、小平原地区高温季节栽培,海拔较高的地区进行夏季栽培。

106. 香菇 L135

作物名称:香菇

审定编号:国品认菌 2007005

产量表现:袋式花菇栽培生物学效率 90%,分散出菇,出菇量相对较少,产量偏低。

特征特性:子实体散生;菌盖圆整,茶褐色,鳞片少或无;菌盖直径 5～8 厘米,平均直径 6.58 厘米,厚 2.27 厘米。菌柄圆柱形,纤毛少或无,平均长 3.42 厘米,平均直径 1.19 厘米,菌柄长度与直径

比 2.87,长度与菌盖直径比 0.52。子实体致密。属中低型迟熟品种,菌丝生长温度 4～34℃;出菇温度 5～22℃;菇蕾形成时需 6℃的昼夜温差刺激,菇潮明显,潮间隔期10～15 天。菌龄 200 天以上;易形成花菇,花菇率高;菌丝抗逆性较差,耐高温、抗杂菌能力较弱,不易越夏;分散出菇,出菇量相对较少,产量偏低;菇质紧实,耐贮存,适于鲜销和干制,鲜菇口感嫩滑清香,干菇口感柔滑浓香。

栽培技术要点:适宜接种时间为 2—4 月,采收期 10 月至翌年 4 月,适宜作高棚层架栽培花菇;菇蕾形成时要求日夜温差大,7～18℃ 条件下催蕾。幼蕾期控制空间相对湿度 75%～85%,菇蕾直径长至 1～1.5 厘米时疏蕾;花菇形成期空气相对湿度保持 60%～65%;菌袋含水不足 45% 时补水;越夏场所要荫凉、通风、黑暗或弱光培养,防止高温烧菌;培养料可适当减少麦麸的添加量和培养料含水量;菌棒转色不宜太深,菌皮要薄,保持黑白相间利于出菇;排场要迟,要在出菇适温时排场,以排场的惊蛰作用刺激出菇。

适宜种植区域:适宜浙江省中高海拔地区作高棚层架栽培花菇。

107. 香菇 241-4

作物名称：香菇

认定编号：国品认菌 2007010

产量表现：每百千克干料产干菇 9.3～11.3 千克。

特征特性：子实体单生，菇形中等，朵型圆整，菌盖直径 6～10 厘米，厚度 1.8～2.2 厘米，棕褐色，被有淡色鳞片，部分菌盖有斗笠状尖顶；菌柄黄白色，圆柱状，有弯头，质地中等硬，长 3.4～4.2 厘米，直径1～1.3 厘米，被有淡色绒毛。菌肉质地致密，耐贮存，鲜

菇口感嫩滑清香，干菇口感脆而浓香。中低温、迟熟型菌株，菇潮明显，间隔期 7～15 天。

栽培技术要点：代料和段木栽培两用菌种，适宜春季制棒，秋冬季出菇；出菇温度 6～20℃，最适温度 12～15℃；菇蕾形成时需 10℃以上的温差刺激；南方菇区适宜接种期为 2—4 月，北方菇区适宜接种期为 3—5 月；10 月至翌年 4 月出菇。发菌期间要先后刺孔通气两次，早期菌丝生长缓慢时通"小气"，长满全袋 5～7 天后排气；排场可安排在排气后至出菇期前 15 天；菇棚内连续三日最高气温在 16℃以下，50％菌棒自然出菇为脱袋适期；补水水温要低于棚内气温 5～10℃。花菇比例低，不适作花菇品种使用。

适宜种植区域：适宜国内各香菇主产区种植。

108. 庆科 212

作物名称: 香菇

审定编号: 浙(非)审菌 2015001

产量表现: 2013—2014 年浙江省多点品比试验,平均每棒产量 758.9 克,生物转化率 94.9%,比对照"L808"增产 34.2%,比对照"868"增产 8.9%。头潮菇占比较高,前二潮菇产量占比 79.5%。

特征特性: 属早熟中偏高温型菌株,菌龄 80～90 天;菌丝生长温度在 5～30℃,最适温度 23～25℃,最适出菇温度 16～22℃。子实体单生,菇形较大,平均直径 6.3 厘米、单菇重 30.6 克;菌盖圆整,不易开伞,表面灰褐色,中部鳞片小、周边大;菌肉组织致密,厚 1.5～3 厘米;菌柄较短,呈倒圆锥形,盖径比值较大。商品性好,口感佳。

栽培技术要点: 适宜接种期 5—7 月,出菇期 10 月至翌年 4 月;培养基质含水量以 50%～55% 为宜;子实体形成需 6～8℃的昼夜温差刺激;提早排场,减少机械振动,避免密集出菇;接种期越迟,潮次越明显;出菇期适当增强散射光,利于提高菇质;加强转色和防高温管理。

适宜种植区域: 适宜在浙江省种植。

109. 浙香 6 号

作物名称：香菇

审定编号：浙（非）菌 2013001

产量表现：2011 年和 2012 年两个年度多点品比试验，平均每棒（900 克干料计）鲜菇产量为 728.7 克，分别比对照"L808"、"武香1 号"分别高 22.2%、7.4%。

特征特性：属中温中熟型，菌丝生长适温 20～25℃，原基形成适温 15～20℃，并需 6℃以上的温差刺激；菌龄 90～110 天，出菇潮次明显；耐高温性较强，适于设施栽培，尤其适于 5—6 月和 9—10 月淡季出菇。

子实体中叶，圆整，盖面褐色至黄褐色，较 808 浅，盖缘鳞毛明显；盖厚 0.8～1.7 厘米，盖径 3.6～6.4 厘米，菌肉白色，组织结实致密，不易开伞；菌柄白色，直圆柱形，长 3.5～4.9 厘米，直径 1.3～2.2厘米；口感好，风味佳，商品性优。

栽培技术要点：该品种适宜接种期为 9～11 月，宜在 10～24℃时经 6℃以上昼夜温差刺激出菇。

适宜种植区域：浙江省春末秋初设施栽培。

110.浙耳1号

作物名称:黑木耳

审定编号:认定编号:浙农品认字第306号;2008年获得国家农业部品种认可,认定编号2008012

产量表现:菌丝萌发快,生长旺盛,适温范围较广,可在15~30℃正常生长,对湿度要求较敏感。该品种出耳早、整齐、潮次明显、产量高,每立方米可产干耳18~27千克,比"黑菊8号"增产28%。

特征特性:菌丝粗壮,生长旺盛,抗杂能力强,适应性广;潮次明显,单片着生,片大肉厚,单产高;子实体棕黑色,背暗灰色,有小量绒毛。属中温型品种,菌丝生长适宜温度23~26℃,出菇温度15~30℃,最适温度20~26℃,折干率为(5~15):1,肉质细嫩,无髓层,口感鲜嫩。干品经农业部食品检验中心(上海)检测,各项理化指标均达到或超过国标。

栽培技术要点:该品种对培养基的适应性较强,既可段木栽培,又适合袋料栽培。袋料栽培应注意配方中麸皮含量不超过10%,培养

基含水量55%~60%。发菌时间快于916品种,所以制袋时间应推迟在8—9月,遮光养菌。

适宜种植区域:适宜浙江省及江西、安徽、湖南、湖北、河北、四川等省份。

111. 新科

作物名称：黑木耳

审定编号：国品认菌 2008017

产量表现：段木栽培生物学效率 70％ 左右，袋料栽培生物学效率 135％ 左右。一般亩产 500～600 千克。

特征特性：子实体单片，耳片较大，肉质厚、耐泡、朵形好；中温型品种，菌丝生命力强，菌丝生长温度 5～36℃，最适生长温度 27～30℃；耳基形成温度为 15～25℃，最适生长温度 18～22℃；菌丝生长基质含水量 50％～55％，耳芽发生期基质最适含水量 55％～60％；耳片肉质厚，具光泽，浸泡系数大；见光菌丝有耳基产生，量大；在湿度偏低时，菌丝生

长速度慢，耳片过成熟时颜色不很黑，甚至会产生红棕色。

栽培技术要点：1.段木栽培。选择栓皮栎等树种，冬至到立春之间伐木；当地气温在 5℃ 以上时接种，2—3 月接种，接种穴间距 5～7 厘米，穴孔排列成"品"字状，种块塞满穴孔，穴口压上树皮盖，接种后应上堆盖塑料薄膜发菌；发菌期做好光照、温度和通风管理，发菌 10 天左右进行第一次翻堆，以后每隔半月翻堆一次，注意通风换气及喷水补湿；接种穴间菌丝连接时即可起架进行出耳管理，耳木排场选择在海拔 300～500 米地势平坦、通风、水源等条件较好的场地；出

耳期间做好水分管理及病虫害防治,耳片发生期控制空气相对湿度在85%～95%;及时采摘和晒耳,每批耳采摘后停喷水5～7天,促使菌丝恢复生长。2.袋料栽培。高海拔地区8月上旬制作菌棒,低海拔地区9月上中旬制作菌棒,培养15～20天进行翻堆,菌丝长满菌棒时进行刺孔供氧,孔深2～3厘米,见光催耳芽;菌棒全面刺孔后7天就可以出田排场。

适宜种植区域:适宜在浙江、湖北等地栽培,不适宜东北地区栽培。

112. Au916

作物名称:黑木耳

产量表现:生物转化率为110％,首潮耳产量35～45克/袋,全生育期产量平均80克/袋,可采收3～5潮,产量集中在前三潮,亩产640千克。

特征特性:黑褐色,耳片大、似碗状、肥厚、产量高、抗流耳。全生育期120～150天,属中温型,菌丝生长适宜温度22～28℃,适应性广,出耳适宜温度为15～25℃。耳芽发生时间较东耳5号慢7～10天。

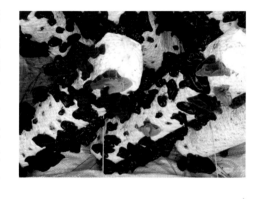

栽培技术要点:在本地主要以代料栽培为主,适宜栽培的基配方为杂木屑78％、麸皮10％、谷壳粉10％(或棉籽壳)、石灰1％、红糖1％,培养基含水量55％。根据不同海拔在8月上旬至9月上旬接种,每亩排放8000袋,11月上旬至12月上旬开始采收,4月至5月中旬结束。

适宜种植区域:适宜在浙江低海拔地区露地栽培。

113. As2796

作物名称：双孢蘑菇

审定编号：国品认菌 2007036

产量表现：在适宜栽培条件下，农业模式的单位产量为 9～15 千克/平方米，工厂化模式的单位产量为 15～25 千克/平方米，生物学效率为 35%～45%。

特征特性：子实体大型，单生，组织致密；菌盖半球形，直径 3.0～3.5 厘米，厚度 2.0～2.5 厘米，外形圆整，组织结实，色泽洁白，无鳞片；菌柄白色，中生，直短，直径 1～1.5 厘米，长度与直径比为(1～1.2)：1，长度与菌盖

直径比为 1：(2.0～2.5)，无绒毛和鳞片；菌褶紧密、细小、色淡。平均产量为 9～15 千克/平方米，生物学效率 35%～45%。

栽培技术要点：发菌适宜温度 24～28℃、空气相对湿度 85%～90%；出菇温度 10～24℃，最适温度 14～22℃。转潮不明显，后劲强。投料量 30～35 千克/平方米，碳氮比(C/N)(28～30)：1，菌种播种后萌发力强，菌丝吃料速度中等偏快。菌丝爬土速度中等偏快，纽结能力强，纽结发育成菇蕾或膨大为合格菇的时间较长。

适宜种植区域：适宜浙江省各产区传统设施栽培。

114. W2000

作物名称：双孢蘑菇

审定编号：闽认菌 2012008

产量表现：栽培中 W2000 菌丝萌发早，长速快，爬土能力强，不易生长菌被，出菇均匀，单身菇为主，产量高，转潮明显，适应性强，易管理，平均单产比 As2796 提高 15％～20％，鲜菇比较结实，不易开伞，质量优于 As2796，适合鲜销市场和罐头加工。

特征特性：W2000 的菌落形态为中间贴生，外围气生，子实体单生，菌盖为半球形，表面光滑，无绒毛和鳞片，直径 3～5.5 厘米；菌柄为近圆柱形，直径 1.3～1.6 厘米，子实体结实，比较圆整，适合鲜销。

该菌株的菌丝在 10～32℃下均能生长，24～28℃最适；结菇温度 10～24℃，最适 14～20℃。菌种播种后萌发快，菌丝吃料较快，生长强壮有力，抗逆性较强，菌丝爬土速度较快，原基组结能力强，子实体生长快，子实体单身，转潮比较明显，1～4 潮产量较多，从播种到采收 35～40 天。

栽培技术要点：W2000 菌株适用于经二次发酵的粪草料栽培，

表现出耐肥,耐水和适应性广的特点,要求每平方米投干料量 $30\sim$ 35 千克,C∶N≈(28～30)∶1,含氮量 1.4%～1.6%,含水量 65%～ 68%,pH 值在 7 左右,正常管理的喷水量比当家品种 As2796 多 15%,不少于高产菌株。菌种播种后菌丝吃料速度中等偏快,生长强 壮有力,抗逆性较强。菌丝爬土速度中等偏快,纽结能力强,生长快, 因此开采时间比一般菌株早 2～3 天左右。该菌株基本单生,成菇率 高,1～4 潮产量较多,转潮比较明显。该菌株不宜薄料栽培,营养不 足易出现薄菇。覆土层薄,不均匀,通气不良易出现丛生菇。

适宜种植区域:适宜浙江省各产区传统设施栽培。

115. W192

作物名称:双孢蘑菇

审定编号:闽认菌 2012007

产量表现:近年已在全国大面积推广,结果表明双孢蘑菇 W192 菌丝萌发早,长速快,爬土能力强,不易生长菌被,出菇均匀,

不长丛菇,产量高,转潮明显,适应性强,易管理,平均单产比对照品种"As2796"提高 20%～25%,鲜菇质量与"As2796"相似,适合工厂化栽培和罐头加工。

特征特性:W192 的菌落形态为贴生,平整,气生菌丝少,子实体单生,菌盖为扁半球形,表面光滑,无绒毛和鳞片,直径 3～5 厘米;菌柄为近圆柱形,直径 1.2～1.5 厘米,子实体大小适中,可工厂化栽培。该菌株的菌丝在 10～32℃下均能生长,24～28℃最适;结菇温度 10～24℃,最适 14～20℃。菌种播种后萌发快,菌丝吃料较快,生长强壮有力,抗逆性较强,菌丝爬土速度较快,原基纽结能力强,子实体生长快,转潮比较明显,1～4 潮产量较多,从播种到采收 35～40 天。

栽培技术要点:W192 菌株适用于经二次发酵的粪草料栽培,要求每平方米投干料量 30～35 千克,其中稻草 20 千克,牛粪 10～15 千克,C:N≈(28～30):1,含氮量 1.4%～1.6%,含水量 65%～

68%,pH 值在 7 左右,菌丝培养阶段料温控制在 24～28℃,出菇菇房温度控制在 16～22℃,喷水量比 As2796 略多。该菌株基本单生,成菇率高,1～4 潮产量较多,转潮比较明显。该菌株不宜薄料栽培,料含氮量太低或水分不足都会影响产量或产生薄菇和空腹菇等质量不良现象。

适宜种植区域:适宜浙江省各产区传统设施栽培,也适合工厂化栽培。

116. 江白 2 号

作物名称:金针菇

审定编号:浙(非)审菌 2013002

产量表现:据 2010—2011 年在江山、常山、开化等多点品比试验,江白 2 号平均每袋产量(4 潮)为 601.3 克,比对照"江山白菇(F21)"平均增产 62.5 克/袋,增产 11.6%。

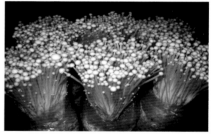

特征特性:子实体纯白、丛生菌盖帽形、肉厚不易开伞,菌盖 1～2 厘米,菌柄 15～20 厘米,柄粗 0.2～0.3 厘米。成熟时菌柄柔软、中空、不开裂、不倒伏,下部生有稀疏的绒毛。口感脆嫩、黏滑。菌丝呈白色,粗壮,浓密,粉孢子少,锁壮联合明显,生长快而整齐。菌丝在 3～33℃下均能生长,24～25℃条件下生长最适宜,28℃以上菌丝萌发受抑制。菌丝在含水量 62%～65% 的培养料内生长最好;4～24℃能分化原基,10～12℃子实体生长最好。出菇时的空气相对湿度以 85%～90% 为最佳。子实体对光的强度不敏感,强散射光下仍保持白色。抗杂菌能力强,菌丝粗壮,在 pH7～8 的条件下,菌丝和子实体生长良好。

栽培技术要点:适期栽培,自然条件下,9 月下旬至 10 月下旬接种,开袋宜 11 月下旬后开始。

适宜种植区域:适宜浙江省自然季节栽培或设施化层架式栽培。

117. 农秀 1 号

作物名称: 秀珍菇

审定编号: 浙认菌 2008001

产量表现: 据 2006—2007 年多点品比试验,平均产量 341.8 克/袋,生物转化率为 67.5%,比对照"Pg-twsh-98-5"增产 24.2%,达显著水平。

特征特性: 该品种菌丝色白浓密,生长速度 0.6 厘米/天。子实体单生或丛生,单菇重约 5.6 克;商品菇菇盖灰白色至灰色,表面光滑,呈扇形,采后不易破裂,厚度中等,菇盖中部厚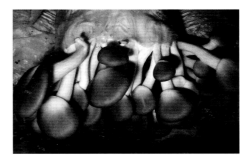约 0.5 厘米;商品菇菇柄白色,中等偏长,为 3～6 厘米,直径 0.7～1 厘米,多数侧生、上粗下细,基部少绒毛;菌褶密集白色衍生,狭窄,不等长,髓部近缠绕型。从接种到头潮菇采收一般需 50～60 天。生产上表现吐黄水少,较抗黄枯病。

栽培技术要点: 栽培袋制作时间,自然气候条件下以 8—9 月为宜,反季节栽培以 1—4 月为宜;菌丝长满袋后,宜在 20～28℃条件下后熟培养 10 天左右。

适宜种植区域: 适宜浙江省内栽培。

118. 杭秀 1 号

作物名称:秀珍菇

审定编号:浙(非)审菌 2012001

产量表现:经 2009—2010 年在浙江淳安、建德、江山等地多点品比试验,平均产量达 433.9g/袋,生物学转化率为 66.8%,比对照"秀珍 18"高 5.2%。

特征特性:该品种菌丝生长适宜温度 25～37℃,出菇温度 10～30℃,其中最适出菇温度 22～28℃,接种到原基形成 38 天左右,出菇时间比对照"秀珍 18"早 4 天左右;子实体单生或者丛生,菇盖扇形,浅褐色到深灰色,表面光滑,边缘内卷。菌柄侧生、白

色,近圆柱形,商品菇菌病平均长度为 6.2 厘米,菌柄直径 1.0 厘米。菌盖肉质口感鲜嫩,润滑,品质经浙江省质量检测科学研究院检测,粗蛋白 38.5%(以干基计)。

栽培技术要点:春栽宜 12 月接种,秋栽宜 8 月下旬接种,出菇期棚内温度超过 28℃或低于 10℃时,应降温或增温;棚内湿度宜控制在 85%～90%,注意及时通风换气。

适宜种植区域:浙江省地区自然季节栽培。

119. 庆灰 151

作物名称: 灰树花

审定编号: 浙(非)审菌 2013004

产量表现: 2011—2012 年多点品比结果试验,投料(干物质量)以每袋干物质 700 克计,该品种第一茬鲜菇平均产量 284.4 克/袋,生物学效率为 45.1%,比小黑汀高 5.5%。

特征特性: 子实体丛生,分枝多,重叠成覆瓦片状,菇形大,直径一般 10～20 厘米。菌盖扇形或匙形,直径 2～8 厘米,盖面灰褐色,有细绒毛,背面布满白色管孔,管口呈多角形不规则排列。菌肉白色,厚 2～5 毫米。菌柄白色,粗短充实,呈不正圆柱形,长 4～7 厘米。菌丝生长适温 20～25℃;原基形成适温 18～22℃,子实体生长温度 12～28℃,适温 15～20℃。

栽培技术要点: 春季栽培 2—3 月接种,4—6 月出菇;秋季栽培 7—8 月接种,10—11 月出菇;覆土栽培一般选择 7—8 月覆土,9—10 月出菇。原基形成期要保持比较恒定的温度,湿度保持在 60%～70%,出菇期保持空气相对湿度 85%～95%、温度 15～20℃。适宜培养基配方为:木屑 34%,棉籽壳 34%,麦麸 10%,玉米粉 10%,山表土 10%,石膏、红糖各 1%,料水比 1:(1.1～1.2)。

适宜种植区域: 适宜在丽水及类似地区栽培。

十四、中药材

120. 小洋菊

作物名称：菊花

认定编号：浙认药 2006002

产量表现：2002—2004 年品种比较结果显示，鲜花和干花平均亩产分别为 895.9 千克和 153.5 千克，均比对照"异种大白菊"增产 7.5％。2004 年桐乡市新品种引种示范中心 35 亩示范方平均亩产干花 151.3 千克，比"异种大白菊"增产 7.8％。

特征特性：中熟偏迟，一般在 11 月初开花，花期集中，11 月 20 日左右终花。苗期植株直立，后期呈半匍匐状，生长势中上，茎秆细而柔韧，须根多，茎节发根力强，叶片较小，长卵形，2 对深缺刻。单位面积有效花蕾多，花朵较小，直径约 3.8～4.2 厘米，花瓣短，一般 80～90 瓣，花层 4～5 层，平均每朵鲜花重 0.9 克；花瓣玉白色，花蕊金黄色。耐肥性中等，较省肥，适应性广，抗逆性强，病害轻。加工干制后色玉白稍带黄色，泡饮味微甜，芳香味浓，花形完整，品质佳。2004 年经南京农业大学园艺学院测定，绿原酸含量 6.4‰，总黄酮 2.7％，挥发油 2.1 毫升／千克。

栽培技术要点：一般 4 月上中旬定植，亩栽 3500～5000 株。茎秆较软易倒伏，少施氮肥，适宜压条栽培，后期须立护栏；耐涝耐旱能力较弱，应及时做好排涝抗旱工作；初霜早而重的年份则易受冻，须及时采收。

小洋菊

适宜种植区域：适宜在浙江全省菊花产区种植。

121. 早小洋菊

作物名称: 菊花

认定编号: 浙认药 2006003

产量表现: 2002—2004 年品种比较试验结果,鲜花和干花平均亩产分别为 855.0 千克和 146.3 千克,分别比对照"异种大白菊"增产 2.6% 和 2.5%。2004 年桐乡市新品种引种示范中心 31 亩示范方平均亩产

干花 143.6 千克,比"异种大白菊"增产 2.4%。

特征特性: 该品种熟期早,一般在 10 月底始花,比"异种大白菊"提早 5~7 天,花期较集中,11 月 15 日左右终花。苗期植株直立,后期呈半匍匐状,茎秆较细而柔韧;须根多而发达,茎节发根力强;茎秆浅绿色,叶腋处呈微紫色,叶片较小,叶面微皱,叶色较淡,腋芽生命力强,分枝力强。花朵较小,花朵直径平均 3.9 厘米,花瓣玉白色、短而多,一般 85~105 瓣,花蕊金黄色,花层厚,一般 5~6 层,平均每朵鲜花重 0.8 克;耐肥力中等,较省肥,适应性广,抗逆性强,病害较轻。泡饮味略带甜,芳香味浓,花形完整,品质佳。2004 年经南京农业大学园艺学院测定,绿原酸含量 6.1‰,总黄酮 3.1%,挥发油 2.7 毫升/千克。

栽培技术要点: 一般 4 月上中旬定植,亩栽 3500~5000 株。茎秆较软,易倒伏,适宜压条栽培,少施氮肥,后期须立护栏;耐涝耐旱能力较弱,应及时做好排涝抗旱工作。

适宜种植区域: 适宜在浙江全省菊花产区种植。

122.浙贝1号

作物名称:浙贝母

认定编号:浙认药 2007001

产量表现:1986—1988 年鄞州区三年品试,该品种干鳞茎平均亩产 454 千克,比轮叶种增产 6.9%;1991 年和 1992 年磐安县小区试验,该品种平均亩产 306 千克,比对照"东贝"增产 48.9%;两地小区试验平均亩产 289.2 千克,比对照"东贝"增产 48.2%。2003—2005 年大田平均亩产 251 千克。

特征特性:属狭叶型种。全生育期 220~230 天。株高 50~70 厘米,主茎粗 0.6~0.7 厘米、直立、圆柱形,二秆较多。鳞茎表皮黄白色,呈扁球形,直径 3~6 厘米,鳞片肥厚,多为 2 片,少数 3 片;叶片深绿,披针形,全缘,下部叶多对生或互生,中部叶多轮生,每株花 5~7 朵,总状排列,倒钟状,淡黄色或黄绿色,花被 6 片,有棕色方格状斑纹;雄蕊 6 枚,子房 3 室,雌蕊柱头三裂。蒴果棕黄色,卵圆形,具 6 枚宽翅,成熟时背裂,种子扁平,近圆形。折干率 28~30%。贝母素甲和贝母素乙的含量为 0.107%,高于 2005 版《中国药典》规定标准。田间表现对灰霉病、黑斑病、腐烂病等抗性较强,优于东贝。繁殖系数 1:2 左右。

栽培技术要点:9 月下旬到 10 月上旬下种;2 号贝母(规格)下种 400 千克,3 号贝母(规格)下种 250 千克;重施基肥和腊肥,适施苗肥,补施蕾肥,摘花打顶,及时防治病虫草害。

适宜种植区域:适宜在浙江全省浙贝母产区种植。

123. 浙贝 2 号

作物名称：贝母

审定编号：浙（非）审药 2013001

产量表现：鄞州区 2010—2012 年三年三
点浙贝母品种对比试验，浙贝 2 号平均亩产
246.4 千克，比对照"浙贝 1 号"增产 4.9%。

特征特性：株高 55 厘米，茎粗 0.6 厘米，茎直立，圆柱形。主茎
基部棕色或棕绿色，中部为棕绿过渡色，上部为绿色。二秆比浙贝
1 号少，叶色淡绿，叶宽大于浙贝 1 号。枯萎前的植株茎叶呈竹叶色，
色泽淡于其他品种。地下鳞茎表皮乳白或奶黄色，呈扁圆形，直径
3～6 厘米，单个鳞茎重 30 克左右。鳞片肥厚，多为 2 片，包合紧，鳞
茎完整。总状花序，一般每株有花 4～8 朵，淡黄色或黄绿色。植株
始枯迟，但枯萎速率快于浙贝 1 号，尤其是二秆枯死快。全生育期
235 天。对灰霉病、干腐病和越夏期间鳞茎腐烂病的抗性比浙贝 1 号
强。折干率 28%～30%。繁殖系数 1～1.2。经浙江省食品药品检
验研究院切片干燥测定，浙贝 2 号的贝母素甲、贝母素乙含量为
0.106%，符合 2010 年版《中国药典》规定。

栽培技术要点：10 月上旬播种，行株距 20 厘米×18 厘米，亩下
种量 350～450 千克，注意病毒病防治。

适宜种植区域：鄞州及类似地区适宜种植。

124. 浙胡 1 号

作物名称：元胡

认定编号：浙认药 2007002

产量表现：1989 年和 1990 年磐安县小区试验结果显示,平均亩产干品 105.3 千克,比生产用种高 22.4％;大田示范结果显示,平均亩产干品 121.7 千克,比生产用种高 10.9％。2002—2005 年东阳市大区对比试验结果显示,鲜品产量比生产用种平均增产 7％。

特征特性：越年生草本植物,属大叶型品种。株高 20～30 厘米,地下茎 4～10 条,细软。叶片淡绿色,两回三出全裂,末回裂片披针形、卵形或卵状椭圆形。总状花序顶生,长 3～8 厘米,花 5～10 朵,花紫红色,开花期 3 月中

旬至 4 月上旬,产地很少开花,几乎不结实。生育期172～177 天。商品块茎扁球形,直径 0.5～2.5 厘米,黄棕色或灰黄色,百粒重 44～66 克,一级品率 19.1％,延胡索乙素含量 0.116％,符合 2005 版《中国药典》一部标准。耐肥中等,适应性广,田间表现较抗菌核病,易感霜霉病。

栽培技术要点：适宜沙质壤土,宜于立冬前播种,亩用种量 40～45 千克,注意防治霜霉病。

认定意见：该品种丰产性好,适应性广,适宜浙江省元胡主产区种植。

125. 浙胡 2 号

作物名称:元胡

审定编号:浙（非）审药 2014001

产量表现:2011—2012 年度多点品比试验,平均亩产（干品）145.9 千克,比对照"浙胡 1号"增产 10.5%;2012—2013年度平均亩产（干品）139.8 千克,比对照增产 9.4%。两年度平均亩产 142.9 千克,比对照增产 10%。

特征特性:生育期160～180 天,倒苗期比对照略早;株高 15～20厘米,分枝数 15～20 个,叶色淡绿,两回三出全裂,小叶数 11.4 张;总状花序,每个花序 3～5 朵,花朵紫红色;地下块茎 9～10 个,百粒干重 45～55 克。品质据浙江省中药研究有限公司检测,延胡索乙素含量 1.05‰,符合 2010 年版《中国药典》要求。

栽培技术要点:10 月中下旬播种,播种密度（10～12）厘米×10 厘米,亩播种量 40～50千克;施足基肥,12 月重施冬肥,3 月适施春肥;出苗前及时除草,注意防治霜霉病等。

适宜种植区域:适宜浙江省元胡主产区种植。

126. 浙芍 1 号

作物名称:芍药

审定编号:浙认药 2007003

产量表现:2001—2004 年小区品比试验结果显示,三年生浙芍 1 号亩产 263 千克,列参试材料第一;2002—2005 年大区品比试验显示,三年生浙芍 1 号亩产 265 千克,比当地生产用种高 41.7%。一般大田亩产 250 千克。

特征特性:该品种属多年生草本植物,株高 60～70 厘米,茎秆绿色,茎秆上部分枝;分枝以下的叶片为两回三出复叶,分枝以上叶片多为单生,宽披针形,叶缘细齿状,叶色淡绿;托叶 5、宽披针形,萼片 5、绿色;主茎花先开,花红色,花瓣 3 层,10～14 片;雄蕊金黄色、球状密生,子房 3 瓣角形、淡绿色;成熟时果实裂开,种子黑褐色,结籽率低。芦头下苗根数中等,且粗壮,次生根少,种根粗,尾部分支根粗,根皮棕黄色,芍药苷含量 2.87%。地上部分年生长期 150 天左右,3 月上旬出苗,4 月下旬盛花,花期 10 天左右。耐肥力强,对锈病、灰霉病抗性强,对红斑病抗性中等。

栽培技术要点:种植密度行距 45～50 厘米、株距 40～45 厘米,栽

种适期9—11月;每年施肥一般分三次,3月、5月和亮根修剪时各施一次;应亮根修剪;及时中耕除草,清沟排水;重视地下害虫和病害防治。

适宜种植区域:适宜浙江省杭白芍产区种植。

127. 浙术 1 号

作物名称: 白术

审定编号: 浙(非)审药 2014003

产量表现: "浙术 1 号"浙江省累计推广应用 3560 亩,占浙江省比例 10%,每亩比普通农家品种增产 19.15 千克,增幅 12.6%。

特征特性: 生育期 240~248 天。株高 39.3 厘米,茎粗 0.96 厘米,秆青或青褐色,1~4 个分枝,冠幅 31.2 厘米。叶片深绿色,多为 3~5 回羽状全裂,最大裂片长 10.2 厘米、宽 3.7 厘米,稀兼杂不裂而叶片为长椭圆形。总状花序(花蕾)宽钟形或扁球形,顶生,直径 3 厘米以上,开花期 9 月中旬至 11 月中旬。商品根茎蛙形、鸡腿形等优形率达 54.8%,黄棕色或灰黄色,单个重 72g,横断面呈菊花芯,气清香,总挥发油含量平均 2.67 毫升/百克,浸出物经检测都达到 2010 版《中国药典》规定。耐肥强,适应性广,较抗病,耐旱。最主要特点是产量高、花蕾大、商品优形率、功效成分含量高。

栽培技术要点: 选地整地。种植地以前作为水稻的壤质田块为好,生荒山坡地等森林环境也佳;过于黏重的黏土,植株生长不良。切忌排水不良地段和连作。细致整地,做成龟形畦,排水要通畅。播种时间 12 月至翌年 3 月,种植方法。株行距 20 厘米×(20~25)厘米,每垄宽 30 厘米,每亩 8000~10000 株。栽植时,适当深栽,竖立术栽,芽向上,盖土 4~6 厘米,最好盖焦泥灰;田间管理。基肥施氮肥,2000~3000 千克/亩或施复合肥 35 千克/亩;出苗后每亩放尿素 7.5 千克,过磷酸钙 36 千克,硫酸钾 7 千克;5 月中旬至 6 月上旬每亩放尿素 5 千克、硫酸钾 3.5 千克；摘花蕾后重施氮肥，每亩施尿素 25 千克；8 月底到 9 月上旬视生长情况每亩施尿素 25 千克或兑水叶面喷施 1 千克磷酸二氢钾。出苗前注意松土除草，排灌水，病虫害防治。以多菌灵、甲基拖布津、恶霉灵、腐霉利等药剂防治根腐病、白绢病等病害 3 次，清除病死株减少病原。

适宜种植区域：浙江省内白术主产区。

128. 浙玄 1 号

作物名称: 玄参

认定编号: 浙认药 2008002

产量表现: 2003—2004 年小区试验,平均亩产干品 283.26 千克,比磐安县生产用种高 16.99%；2005—2006 年大田示范平均亩产干品 273.12 千克,比生产用种高 24.32%。

特征特性: 平均株高 121 厘米,茎直立、绿色,四棱形有深槽,茎粗 1.5～2.5 厘米。叶对生,上部叶有时互生；叶片卵状披针形至披针形,长 15～22 厘米、宽 11～16 厘米,先端渐尖或急尖。聚伞花序,较疏散,花冠暗紫色,长 8～9 毫米,相邻边缘相互重叠,下唇裂片多,中裂片稍短。雄蕊稍短于下唇,花丝肥厚,退化雄蕊 1 枚。蒴果卵形,长 6～8 毫米,先端短尖。块根呈类圆柱形或类纺锤形,中间略粗或上粗下细,有的微弯曲,长 6～20 厘米,直径 1～3 厘米。表面灰黄色或棕褐色,下部钝尖。花期 7—8 月,果期 8—9 月。哈巴俄苷含量高于 2005 年版《中国药典》标准规定。抗病性较强。

栽培技术要点: 适宜沙质壤土,宜于 12 月下种,亩用种量 40～45 千克。增施肥料,及时打顶。

适宜种植区域: 适宜浙江省内玄参产区种植。

129. 温郁金 1 号

作物名称: 温郁金

审定编号: 浙认药 2008001

产量表现: 2004—2006 年在瑞安、乐清、永嘉等多点品比试验结果,平均亩产莪术 310.7 千克、姜黄 175.1 千克、郁金 95.8 千克,分别比农家种平均增产 13.0%、6.8%、16.0%。

特征特性: 植株生长迅速、整齐,生长盛期株高 185～210 厘米,叶长 85～100 厘米,叶宽 21

～25 厘米,主根茎 5～6 个,叶片 8～9 片;与农家品种相比,叶丛期长 20 天左右,枯叶期迟 20 天左右,块根形成晚 20 天左右。地下根茎个大,平均个重 130 克(鲜重);侧根茎平均个重 60 克(鲜重);块根郁金肥满,单株数量多,每株 30～40 个,平均个重 20 克(鲜重)。耐肥力强,抗病性较好。莪术挥发油平均含量在 3.0%mL/g(2005 年版《中国药典》规定为 1.5%mL/g),指标成分(吉马酮)含量稳定。

栽培技术要点: 选择粗短的二头或三头作种茎,清明前后栽种,行距 110～120 厘米,株距 30～40 厘米,每穴栽种种茎 1 个,栽后覆土 3～6 厘米;施足底肥,多次追肥,及时中耕培土;防旱防涝;忌连作。

适宜种植区域: 适宜浙江省内温郁金产区种植。

130. 番红 1 号

作物名称:西红花

审定编号:浙(非)审药 2014002

产量表现:"番红 1 号"2 年区域试验,每 667 亩平均球茎、鲜花丝产量分别为 579.4 千克和 3147.2 克,分别比对照增产 41.6%和 41.7%。新品种

"番红 1 号"产量高、西红花苷含量高,且对腐败病具有较好的抗性。

特征特性:田间生育期 180 天左右,叶数 12～14 张,叶较狭,窄长线形,具 1 条叶脉,白色或灰白色,叶缘稍反卷;花瓣 6 片、蓝紫色,长 4.2 厘米、宽 1.7 厘米;雄蕊 3 个,黄色;柱头深红色,3 根,长 3.1 厘米,有香味,据浙江省中药研究所测定,西红花 1 号西红花苷总量为 24.7%,高于 2010 年版《中国药典》标准。

栽培技术要点:移栽前准备。选阳光充足、排灌方便、疏松肥沃、排水保肥性好、pH5.5～7.0 的壤土或沙壤土种植。选取 20～25 克的球茎作为种球,栽种前深翻土壤,打碎土块,拣除前作残根,耙平田面并起沟整平作畦,畦宽 1.20～1.30 米、沟宽 0.30 米、深 0.25 米为宜,同时开好横沟;种球处理剥除种球黄褐色膜质鳞片,除净侧芽;施基肥,施入 45%硫酸钾复合肥,栽种前在栽种沟内施用钙镁磷肥;播种期宜在 11 月上中旬,采花结束后选晴天及早播种,最迟不宜超过 12 月上旬;田间球茎生长管理,施肥、灌溉、除草、除侧芽、病虫防治。

适宜种植区域:适宜浙江省西红花主产区种植。

131. 浙益 1 号

作物名称:益母草

审定编号:浙(非)审药 2015003

产量表现:2012 年秋播多点评比试验,鲜品平均亩产 1283.9 千克,比对照(义务农家种)增产 14.9%;2013 年秋播,平均亩产 1296.5 千克,比对照增产 12.7%。2013 年春播,平均亩产 1450.9 千克,比对照增产 15.2%;两年三茬平均亩产 1343.8 千克,比对照增产 14.3%。

特征特性:全生育期约 330 天,较对照长 35 天。株高 190～200 厘米,呈方柱形。轮伞花序腋生,具 8～15 花,粉红或淡紫红色,坚果,长圆状三棱形,长约 2 毫米,顶端截平,淡褐色,光滑,种子千粒重 2.3 克。当年生植株呈基生状,茎极短,株高 40～50 厘米,分枝数 1.5 个,叶片数 12～16 张;基生叶圆心形,5～9 浅裂,每裂片有 2～3 钝齿,叶色墨绿。经浙江省中药研究所有限公司检测,水苏碱含量 3.12%,益母草碱含量 0.228%,符合 2010 年版《中国药典》要求。

栽培技术要点:春播以 3—4 月为宜,秋播以 8—9 月为宜;亩播

种量 1.0 千克;施足基肥,出苗后结合中耕除草,间苗 2～3 次,并施苗肥 2～3 次。

适宜种植区域:适宜浙江省益母草主产区种植。

132. 仙斛 2 号

作物名称：铁皮石斛

审定编号：浙（非）审药 2011001

产量表现：2005—2008 年多点品比试验，平均亩产鲜品（茎叶产量）1663 千克，比对照"云南软脚"782 千克和"仙斛 1 号"1425 千克分别增加 112.5％和 16.6％；干品率为 21.05％。

特征特性：该品种植株高 30～50 厘米，茎丛生，青色，表面有紫色斑点，直径 0.6～1 厘米，节间腰鼓形、长 1.5～2.5 厘米；叶鞘不完全包被，叶矩圆状披针形，长 4～7 厘米、宽 1～2.5 厘米、厚 0.6～0.9 毫米，顶端微钩转，叶鞘具紫斑，鞘口张开，具长约 0.3 毫米的明显黑节；总状花序生于茎的上部，长 2～4 厘米，常 3～5 朵；花被片黄绿色，长约 1.8 厘米；唇瓣不裂或不明显三裂，唇盘具紫红色斑点。田间种植成活率高。经浙江省食品药品检验所测定，多糖含量达 58％。

栽培技术要点：保护地基质栽种，宜 4—6 月移栽。

适宜种植区域：活树附生原生态栽培适宜种植范围，浙江省义乌、临安、杭州市萧山区海拔 300 米以下地区，以及省内生态环境相似地区。设施栽培适宜浙江省栽培。